Thomas Ranft | Tim Staeger

alle wetter!

Warum wir Klima
nicht fühlen können
und Wolken so viel wiegen
wie eine Herde Elefanten.

Waldemar Kramer

Thomas Ranft

ist Fernsehmoderator, Wissenschaftsjournalist und Wetterfrosch. Nach dem Abitur startete er als Radiomoderator. 1997 wechselte er zum Hessischen Rundfunk in die aktuelle Fernsehredaktion, als Mann fürs Wetter. Dort ist er das Wettergesicht im Dritten Programm, aber auch im Ersten oder bei Tagesschau24. Seit 2001 moderiert er (inzwischen über 2500 Mal) die Sendung »alle wetter!«.

Dr. Tim Staeger

ist Diplom-Meteorologe. Nach dem Abitur studierte er einige Semester Physik an der Universität Tübingen, bevor es ihn in die Main-Metropole verschlug, wo er bei der Meteorologie ankam. Nach dem Diplom an der Goethe-Universität forschte er auf dem Gebiet der statistischen Klimatologie und promovierte 2003 über den Nachweis menschgemachter Einflüsse in Temperatur-Messungen der vergangenen 100 bis 200 Jahre.

Dr. Tim Staeger, Thomas Ranft

INHALT

Sonnenaufgang bei Usingen. Foto: Christopher Kinkel

EINLEITUNG

»Mensch, was ist das denn für ein Wetter?«
Diesen Ausspruch hören wir täglich tausendfach, weltweit. Wetter beschäftigt jeden von uns, es ist das Smalltalk-Thema Nummer eins und tatsächlich gibt es kaum einen Bereich unseres Lebens, der nicht von Wetter oder Klima berührt wird: Börsenkurse, die reagieren, wenn der nordamerikanische Winter kalt ist, der Einfluss von Gewittern auf die Geburtenrate, die Häufigkeit von Kopfschmerzen bei Wetterwechseln. Ob die Unfallrate im Straßenverkehr, die Flüchtlingsthematik oder das Aussterben vieler Tier- und Pflanzenarten – manche der Themen sind unterhaltsam, andere haben einen höchst ernsten Hintergrund. Aber sie alle bewegen uns tagtäglich, wenn das Wetter, das jeden von uns betrifft, den Lauf der Welt ändert – unsere kleine Welt oder das große Weltgeschehen. Ob es ein vollgelaufener Keller nach einem Gewitter im Odenwald oder eine Flutkatastrophe nach Hurrikan Katrina ist – wir können uns dem Wetter nicht entziehen, und selbst trotz aller Wissenschaft und Technik sind wir den Urgewalten ausgeliefert.
Wollen Sie mit uns eintauchen in diese faszinierende Welt des Wetters?
Zuschauer im hr-Fernsehen können und tun das bereits seit 2001, jeden Werktag, inzwischen jeweils 15 Minuten im Vorabendprogramm. *alle wetter!* ist das beliebte Magazin rund um Wetter, Witterung und Klima, und das, was diese Sendung ausmacht, wollen wir in diesem Buch weiterleben. *alle wetter!* ist natürlich nicht das erste Buch zu diesem Thema, man könnte mit Wetter-

Fridolin Checkbox

allewetter@hr.de
hr-Fernsehen, werktags 19:15 – 19:30 Uhr

Besuchen Sie uns auch auf Facebook:
www.facebook.com/allewetterbuch

büchern vermutlich ganze Buchhandlungen füllen. Was Sie bei uns erwartet, ist aber etwas ganz besonderes: Unser Verständnis ist, dass Wetter und die Beschäftigung damit Spaß machen soll! Natürlich wollen wir auch Wissen vermitteln – aber nur wenn Sie Freude an unseren Geschichten haben, werden Sie von diesem Buch etwas in Ihr Leben mitnehmen. Und das wiederum würde uns sehr freuen. Ob es gelingt? Treten Sie doch mit uns in Austausch, zum Beispiel auf Facebook, damit unsere Wettergeschichte weitergeht. Kommen Sie, tauchen Sie ein in die Welt von *alle wetter!*

WARUM GIBT ES WETTER?

Eigentlich sind wir ja Meeresbewohner

Thomas Ranft

Nein, Sie haben sich nicht verlesen und müssen auch nicht zur Taucherausrüstung greifen. Wir leben schlicht und einfach auf dem Grund eines Luftmeeres. Ein Meer, das die gesamte Erde umspannt, viele Kilometer tief. Wir auf dem Grund und über uns Tonnen von Luft. Und je nachdem, wo wir uns befinden, ist sie mal kälter, mal wärmer, mal feuchter und mal staubtrocken.

In den unteren 10 Kilometern unseres Luftmeeres, der Atmosphäre, findet das Wetter statt. Diesen Teil nennen die Experten Troposphäre. Womit wir bei der eigentlichen Frage landen: Warum gibt es überhaupt Wetter? Die kurze Antwort lautet: Wegen der Sonne! Sie scheint auf unseren blauen Planeten und liefert permanent enorme Energiemengen – allerdings nicht überall gleich. Am Äquator scheint sie am intensivsten, was eigentlich dazu führen müsste, dass die Luft dort jeden Tag etwa ein Grad wärmer wird. Entsprechend würde es an den Polen jeden Tag kälter werden, denn dort landet nur wenig Sonnenenergie. Jetzt ist ja jedem klar, dass das nicht lange gut gehen kann. Deswegen verteilt sich die Wärme, weg vom Äquator, nach Norden und Süden. Das passiert im Wasser und in der Luft. Wenn also warme Luft vom Äquator nach Norden strömt, an uns vorbei Richtung Nordpol, dann muss ja im Gegenzug kalte Luft vom Polarkreis nach Süden strömen. Das allein würde schon ausreichend Bewegung in der Atmosphäre verursachen. Jetzt kommt aber noch erschwerend hinzu, dass die Erde sich ununterbrochen dreht, und damit gibt es in diesen Bewegungen ein gehöriges Durcheinander. Wirbel entstehen, Hochdruck- und Tiefdruckgebiete. Und weil in der Wärme Wasser besser verdunstet, haben wir Wasser in der Atmosphäre, das zu Wolken kondensiert, die schließlich unsere Blumen gießen (wenn es ein entspannter Landregen ist ...)

Ja, das wäre dann alles, das Grundprinzip ist erklärt, vielen Dank, dass Sie sich für dieses Buch entschieden haben. Mit dem beruhigenden Gefühl, etwas Elementares geschaffen und auch abgeschlossen zu haben – so einfach geht also Bücher schreiben –, wende ich mich ab, wobei mich der irritierte Blick meines Kollegen Tim trifft. Zeitgleich sagt der Verlagsvertreter: »Moment, Herr Ranft, das kann doch jetzt nicht alles gewesen sein?!« Äh, nicht? Na gut, Tim, würdest Du das mit den Hochs und Tiefs nochmal genauer erklären? Ich überlege mir inzwischen das nächste Thema ...

Hochs und Tiefs *Tim Staeger*

Warum bringen Tiefs Regen und Hochs Sonne?

Hochs und Tiefs leiten ihre Namen vom Luftdruck am Erdboden ab. Ist er hoch, dann befindet sich viel Luft über unseren

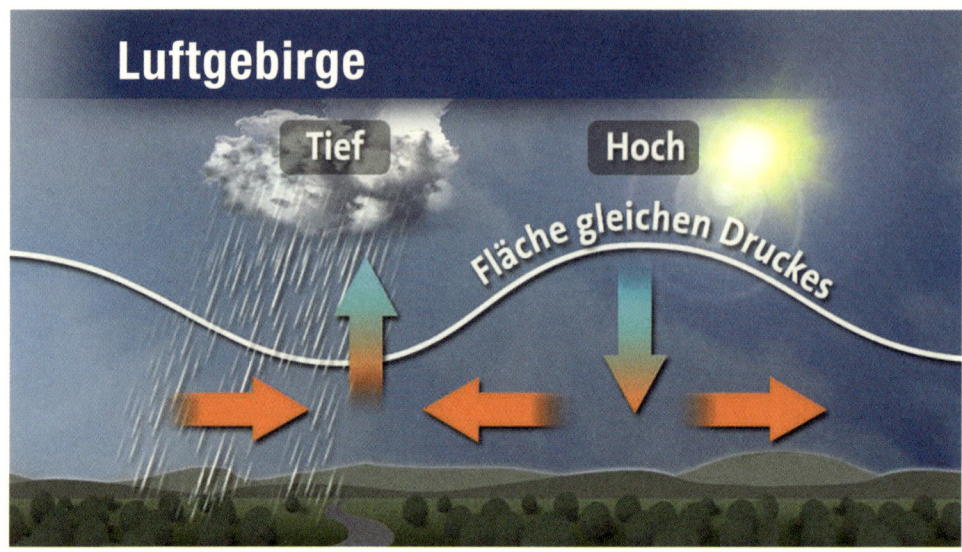

Die Luft fließt vom Hochdruckberg zum Tiefdrucktal

Köpfen, die entsprechend schwer ist und dadurch einen hohen Druck ausübt. Der mittlere Luftdruck auf Meeresspiegelhöhe beträgt etwa 1013 Hektopascal. Das entspricht etwa einer Gewichtskraft von 10 Tonnen oder zwei ausgewachsenen Elefanten pro Quadratmeter!

Warum liegen wir dann nicht alle plattgedrückt am Boden?

Weil der Druck eines Gases in alle Richtungen gleichstark wirkt, also auch von der Seite und von unten. Doch der Luftdruck ist nicht immer und überall auf unserem Planeten gleich, denn durch die unterschiedlich starke Sonneneinstrahlung gelangt in den Tropen deutlich mehr Energie von der Sonne in die Atmosphäre als über den Polen. Diese Unterschiede führen zu Temperatur- und damit auch zu Druckunterschieden. Nun mag die Natur keine zu krassen Ungleichgewichte. Deswegen versuchen die Atmosphäre und die Ozeane durch Luft- und Wasserströmungen diese Unterschiede permanent auszugleichen, was jedoch nie gelingt. Aus diesem Grund gibt es ständig neues Wetter.

Die Druckunterschiede kann man sich wie Geländeformen eines Luftgebirges vorstellen. Ein Berg entspricht einem Hochdruck-

gebiet, ein Tal einem Tief. Da die Luft vom hohen zum tiefen Druck strömen möchte, so wie Wasser den Berg hinab fließt, kommt es in einem Hochdruckgebiet zum Absinken von Luft aus mehreren Kilometern Höhe. Denn die in Bodennähe entweichende Luft hinterlässt kein Vakuum, sondern wird von oben durch neue ersetzt. Entsprechend umgekehrt verhält es sich in einem Tief. Dort strömt Luft in tieferen Schichten zusammen, um es quasi aufzufüllen, wodurch sich eine Ausgleichsbewegung in die Höhe ergibt.

Doch was hat das mit Sonne und Regen zu tun?

Luft enthält immer auch unsichtbaren Wasserdampf. Nun kann nicht beliebig viel Wasser in der Luft gelöst sein, denn irgendwann ist sie gesättigt. Jedoch kann Luft umso mehr Wasserdampf enthalten, je wärmer sie ist. Deswegen bilden sich an warmen Sommertagen auch Wassertröpfchen an einem Glas, das ein gekühltes Getränk enthält. Denn die Luft kühlt sich direkt an der Glasoberfläche ab und der Wasserdampf kondensiert.

Beim Aufsteigen in einem Tief kühlt sich die Luft etwa um 0,7 Grad Celsius pro 100 Meter Höhenzunahme ab, da sie sich aufgrund

des verringerten Umgebungsdrucks ausdehnen kann. Ab einer bestimmten Temperatur kann die Luft den in ihr enthaltenen
Wasserdampf nicht mehr halten – Wolken
bilden sich und es beginnt zu regnen.

In einem Hoch verhält es sich genau umgekehrt: Beim Absinken erwärmt sich die
Luft, wodurch ihre Aufnahmekapazität für
den unsichtbaren Wasserdampf zunimmt.
Dadurch lösen sich die Wolken auf. Freund-
liches und trockenes Wetter ist die Folge.

Jetzt haben Sie den Dreh raus ... *Thomas Ranft*

Wie das mit den Hochs und Tiefs funktioniert wissen wir jetzt. Warum aber die Luftströmungen in der Regel nicht geradlinig
sind, ist nochmal ein ganz anderes Thema.
Und ganz ehrlich, in der Sendung drücke
ich mich gerne um die Erklärung, weil das
wirklich komplex ist. Tim erklärt die soge-

nannte Corioliskraft gleich, aber ich liefe-
re schon mal ein paar Gedankenanstöße:
Stellen wir uns z. B. ein Luftpaket vor, das
ganz still am Äquator verharrt. Die Erde
dreht sich innerhalb eines Tages einmal um
sich selbst. Unser Luftpaket hat damit in 24
Stunden etwa 40 000 Kilometer zurückge-
legt. Wenn sich das Luftpaket nicht direkt
am Boden befindet, sondern in einem Kilometer Höhe, muss es einen größeren Weg
zurücklegen, nämlich über 46 000 Kilometer. Ein auf hessischem Boden liegendes
Luftpaket schafft noch gut 25 000 Kilometer, das am Nordpol dreht sich nur einmal
um sich selbst. Erahnen Sie das Problem?
Die Luft am Äquator hat im Vergleich zu
unserer »einen Affenzahn drauf«, ist also
viel schneller. Herzlich Willkommen in
der Physik. Was also passiert dann? Was
bedeutet das? Da dreht sich etwas – entstehen hier also Effekte wie zum Beispiel bei
Eiskunstläufern, deren Pirouette immer
schneller wird, wenn sie die Arme an den
Körper ziehen? Zeit für Tim Staeger und
Herrn Coriolis:

Wie ein Schneckenhaus: Ein klassischer Tiefdruckwirbel

Von Scheinkräften und Badewannen _Tim Staeger_

Warum drehen sich Tief- und Hochdruckgebiete?

Wenn man auf einem Karussell sitzt und mit einer Wasserspritzpistole sein Gegenüber zu treffen versucht, stellt man verblüfft fest, dass der Wasserstrahl durch die Drehbewegung seitlich abgelenkt wird und sein Ziel verfehlt. Für ruhende Beobachter tritt der Strahl zwar in gerader Linie aus der Pistole aus, jedoch hat sich in der Zeit zwischen dem Austritt aus der Mündung und dem Nicht-Erreichen des Ziels das Karussell weitergedreht, weswegen er aus Sicht der Mitfahrer einen Bogen gemacht hat.

Die Kraft, die den Wasserstrahl ablenkt, ist eine sogenannte Scheinkraft, die nach dem französischen Mathematiker und Physiker Gaspard Gustave de Coriolis (1792–1843) benannt ist. Coriolis hat diese Scheinkraft erstmals 1835 mathematisch beschrieben und wurde deswegen neben anderen 71 französischen Größen aus Naturwissenschaft und Technik auf dem Eiffelturm in Paris verewigt.

Genau diese Scheinkraft wirkt auf Luftmassen ein, die sich großräumig auf unserem rotierenden Planeten bewegen. Jedoch ist die auf der Erde wirksame Corioliskraft recht gering. Neben der Masse und der Geschwindigkeit des abgelenkten Körpers wird sie nämlich durch die sogenannte Winkelgeschwindigkeit der Drehbewegung beeinflusst. Die Erde dreht sich an einem Tag ja nur einmal um ihre eigene Achse – auf einem Kinderkarussell mit einer solchen Winkelgeschwindigkeit würde man wohl recht bald eingenickt sein. Man rast zwar auf der sich drehenden Erde in Deutschland mit über 1000 km/h durch den Weltraum, jedoch ist der Kreis, den man dabei beschreibt, so weitläufig, dass man die Ablenkungskraft am eigenen Leib nicht wahrnehmen kann.

Wirkt nun aber die Corioliskraft über mehrere Tage, so führt dies sehr wohl zu einer markanten Ablenkung. Und somit wird die Luft, die nur vom hohen zum tiefen Druck strömen will, auf ihrem Weg dorthin so stark verwirbelt, dass sie das Druckzentrum bis in alle Ewigkeit umkreisen müsste, wenn sie nicht durch die Bodenreibung abgebremst würde. Hierdurch wird schließlich auch die ablenkende Corioliskraft verringert und die Luft kann in das Tief einströmen und es letztendlich auffüllen.

Die Corioliskraft ist an den Polen am stärksten und verschwindet am Äquator, da man dort senkrecht zur Drehachse steht und die Rotation in diesem Fall nicht mehr ablenkend wirkt. Deswegen können tropische Wirbelstürme auch nicht direkt auf dem Äquator entstehen. Erst etwa in 5 Grad nördlicher bzw. südlicher Breite ist die Ablenkung stark genug, um Hurrikane, Taifune und Zyklone zu ermöglichen.

Die Drehrichtung ist zwar auf der Südhalbkugel absolut gesehen gleich wie auf der Nordhalbkugel, jedoch steht man quasi kopfüber auf der Erde, wodurch sich relativ zum Betrachter die Ablenkung umkehrt. Deswegen drehen sich Tiefs auf der Südhalbkugel im Uhrzeigersinn und Hochs dagegen. Die Wirbel, die beim Abfließen aus der Badewanne entstehen, werden nicht durch die Corioliskraft verursacht, da sie viel zu schwach ist und viel zu kurz wirkt. Hier wirken ebenfalls Reibungskräfte, die zum Badewannenrand hin zunehmen. Durch die ungleichmäßige Abbremsung des Wassers verwirbelt es, wobei die Drehrichtung durch die Form der Badewanne und Planschbewegungen beeinflusst wird.

Lieber Hoch oder lieber Tief? _Thomas Ranft_

Wenn wir eine Umfrage machen würden, egal wo und mit wem, und die Frage lautete

»Was haben Sie lieber: Hochs oder Tiefs?«, dann würde sich die Mehrheit in Deutschland für den Hochdruckeinfluss entscheiden. Hoch – das klingt nach schönem Wetter, Wärme, Sonnenschein, das mögen wir Menschen einfach lieber. Zumindest die meisten. Wer sehnt sich schon nach einem schmuddelnassgraukalten Novembertag? Wenn Sie jetzt innerlich »Hier, ich!« rufen, darf ich Sie beglückwünschen – Sie sind etwas Außergewöhnliches!

Insbesondere, weil viele Menschen viel Zeit in Innenräumen verbringen und ihr Leben und Auskommen nicht zwingend vom Wetter abhängt, hat Wetter für viele eher etwas Freizeitliches. Nicht jeder ist Landwirt oder Gärtner. Die sind nämlich tatsächlich froh, wenn es mal regnet. Wie gut, dass das bei uns in Mitteleuropa ziemlich regelmäßig der Fall ist. Regen stammt von Tiefdruckgebieten. Von denen gibt es bei uns übrigens viel mehr als Hochdruckgebiete – übers Jahr gerechnet meist doppelt so viele. Aber bevor Sie als Sonnenanbeter jetzt in Trübsinn verfallen, habe ich ein paar gute Nachrichten. Vieles von dem, was wir an Wetter so mögen, wird durch Tiefs verursacht. Wenn es im Sommer »über Nacht« heiß wird, ist häufig ein Tief dafür verantwortlich. Das hat mit den sogenannten Fronten zu tun. Ein martialischer Begriff, aber was es tatsächlich bedeutet, wenn eine Warm- oder Kaltfront auf uns zukommt, weiß Tim.

Von Warm- und Kaltfronten *Tim Staeger*

Tiefs bringen Wetterfronten und damit typische Wetterabläufe mit sich.

Westwetterlagen werden durch Tiefs geprägt, die in schneller Folge vom Atlantik ostwärts ziehen. Dabei entstehen im Idealfall charakteristische Wetterabläufe: nach flächigem Landregen kommt es zu örtlichen Schauern und auffrischendem Wind. Wie kommt diese Abfolge zustande?

Durch Tiefdruckgebiete werden Temperaturgegensätze zwischen subtropischen und polaren Breiten ausgetauscht. Dabei wirken die Tiefs wie gigantische waagerechte Schaufelräder, die warme Luft nach Norden und kalte nach Süden transportieren.

Nun ist warme Luft leichter als kalte, weswegen es sich in der Sauna auf den oberen Bänken auch besonders gut schwitzt. Von Tiefdruckgebieten wird Warmluft auf ihrem Weg nach Norden über kältere Luft geschoben. Dieses sogenannte Aufgleiten geschieht über eine Breite von über 100 km, wobei sich die Luft beim Aufstieg langsam abkühlt und sich dadurch relativ gleichförmige Schichtwolken ausprägen. Die in der Luft enthaltene Feuchtigkeit kondensiert aus und es fällt über ein recht großes Gebiet ein gleichförmiger Landregen, den Gärtner und Landwirte zu schätzen wissen.

Das sind die typischen Wettererscheinungen einer Warmfront, bei der etwas wärmere Luft großräumig über etwas kühlere aufgleitet. Ganz anders verhält es sich beim Herannahen einer Kaltfront, die ebenfalls zu einem Tief gehört und, zumindest im Lehrbuch, meist einige Stunden nach einer Warmfront eintrifft. Hierbei schiebt sich etwas kühlere und damit schwerere Luft unter die vorliegende Luftmasse und hebt diese an, was normalerweise mit heftigeren Wettererscheinungen einhergeht. Typischerweise kommt es beim Kaltfrontdurchgang zu Schauern und Gewittern und die Wolkendecke reißt stellenweise auf. Zudem frischt der Wind meist spürbar auf und die Temperatur sinkt mitunter markant ab.

Dabei ist solch eine Abfolge quasi wie aus dem Lehrbuch eher selten. Entweder befindet man sich nicht genau in dem Gebiet, welches erst von der Warm- und dann von der Kaltfront überstrichen wird, oder die schneller ziehende Kaltfront hat die Warmfront bereits eingeholt und angehoben. Dann spricht man von einer Okklusion. Diese bringt oft auch kräftigen Regen, die

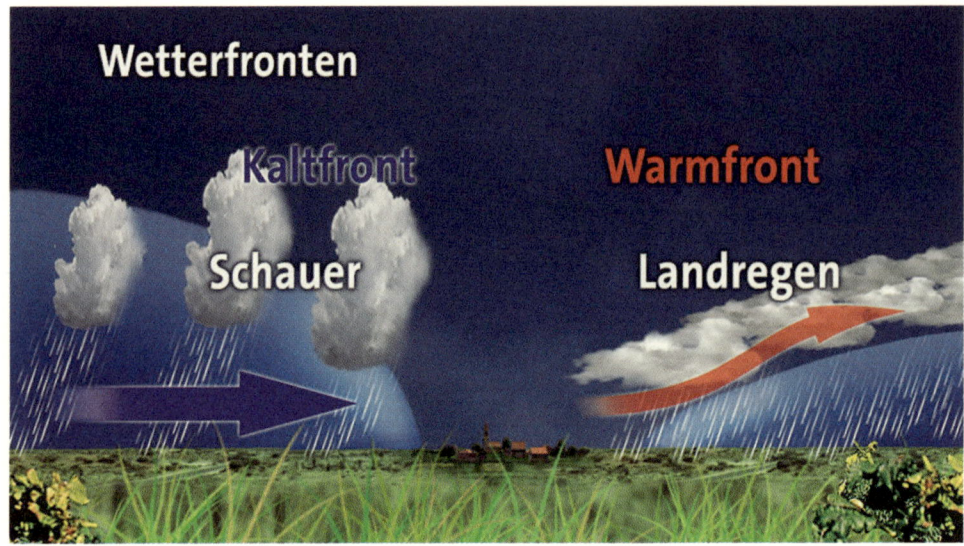

Unterschiedliche Regenarten

Schauer sind aber nicht so heftig, wie bei einer echten Kaltfront – es handelt sich also um eine Art Mischform.

Mögen Sie Wolken?
Thomas Ranft

Es ist wie im richtigen Leben: Wo Gegensätze aufeinander prallen, da kracht es gerne mal. So auch beim Wetter, wenn kalte und warme Luft aufeinander prallen. Dann bilden sich Wolken, diese teils spektakulären Gebilde am Himmel. Ja, alleine über Wolken könnte man ein ganzes Buch schreiben (da gibt es übrigens schon eine ganze Menge). Viel weiß man schon, einiges müssen wir noch erforschen, aber Wolken haben die Menschheit schon immer fasziniert. Ich gebe sogar zu, dass ich selbst Mitglied in der Gesellschaft zur Wertschätzung der Wolke bin. Ja, so etwas gibt es tatsächlich. Gegründet wurde die Cloud Appreciation Society in Großbritannien (Schon Obelix sagte: »Die spinnen, die Briten«). Aber wie oft sind wir beeindruckt von einem Himmelsspektakel? Und das ist dann selten wolkenlos. Spannender Himmel fasziniert Menschen!

Legen Sie sich mal an einem freundlichen Sommertag ins Gras und betrachten die ziehenden Schönwetterwolken. Als Laie fragen Sie sich nicht, ob die jetzt Cumulus humilis oder Cumulus mediocris heißen, sondern Sie überlegen, warum sie aussehen wie ein Drache oder ein Schaf, wie schnell sie wohl vorbeiziehen und wie es sich in einer Wolke so anfühlt. Wobei, das ist leicht erklärt – als Anhaltspunkt: Nebel ist nichts anderes als eine auf dem Boden aufliegende flache Wolke. Niedrige und mittelhohe Wolken bestehen aus Wassertröpfchen, die teilweise nur 0,0001 Millimeter groß sind. Sie sind so leicht, dass der leiseste Lufthauch oder Aufwind dafür sorgt, dass sie nicht nach unten sinken. Ganz praktisch, denn dann braucht man wie bei Asterix keine Angst zu haben, dass einem der Himmel auf den Kopf fällt. Was übrigens ziemlich wehtäte, denn wir unterschätzen leicht, was so eine Wolke wiegen kann. Nehmen wir eine Schönwetterwolke – eine von denen, die wir auf der Sommerwiese betrachten. Wenn wir sie in einen Würfel packen würden, 500 mal 500 mal 500 Meter, auf welches Gewicht würden Sie sie schätzen? Ich erspare Ihnen das Ausrechnen und die Formeln. Tatsächlich sind es über 100 Tonnen Wasser. Das entspricht

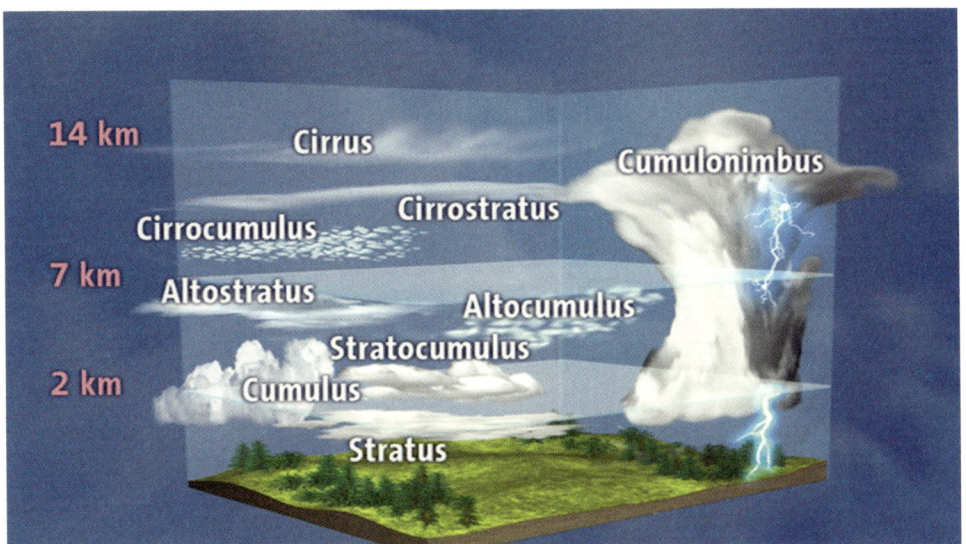

Die Wolkenstockwerke

dem Gewicht einer Herde von 20 ausgewachsenen Elefanten! Eine ausgewachsene Superzelle, also eine heftige Gewitterwolke, kann sogar über eine Million Tonnen Wasser enthalten. Und dass all das Wasser nicht auf einen Schlag nach unten fällt, hat schlichtweg damit zu tun, dass in dieser Wolke so starke Aufwinde herrschen, dass viele der Tropfen oder Hagelkörner nicht sofort herunterfallen können. Trotzdem fällt aber immer noch genug herunter, und kein Wunder, dass so etwas unzählige Keller volllaufen lässt. Ich finde, ich habe jetzt mit genug Stammtischwissen um mich geworfen. Tim, es gibt ja die unterschiedlichsten Arten von Wolken – kannst Du das mal sortieren?

Die Wolken *Tim Staeger*

Die Wolken werden in zehn Gattungen unterteilt.

Die unterschiedlichen Wolkenformen geben Aufschluss über Vorgänge in der Atmosphäre und deren Zustand. Eine Kenntnis der grundlegenden Wolkengattungen kann somit bei der Beurteilung der Wetterentwicklung sehr hilfreich sein.

Bereits 1803 unterschied der englische Apotheker und Naturforscher Luke Howard drei Hauptklassen: Hohe Wolken, mit einem an eine Feder erinnernden Aussehen, bezeichnete er als Cirrus, haufenförmige Wolken, mit ebener Unterseite und einer einem Blumenkohl ähnelnden Oberseite, nannte er Cumulus und ausgedehnte Wolken betitelte er als Stratus oder Schichtwolken.

Weiterhin werden Wolken nach dem Höhenbereich unterschieden, in dem sie auftreten. Das unterste dieser Stockwerke reicht bis in etwa 2 km Höhe. Dort finden sich Stratus und Stratocumulus, eine Mischform aus Haufen- und Schichtwolken. Stratus ist eine Wasserwolke, erscheint wie Nebel oder Hochnebel und befindet sich etwa bis in 500 m Höhe. Aus ihr fallen meistens Nieselregen oder kleine Schneekörner. Stratocumulus befindet sich zwischen 500 und 2000 m Höhe und weist oft Klumpen oder Ballen auf, zwischen denen der blaue Himmel durchscheint. Regen fällt aus dieser Wasserwolke selten.

Im mittleren Wolkenstockwerk zwischen 2 und 7 km Höhe befinden sich Altostratus bzw. Altocumulus, also die hohen Schicht- bzw. Haufenwolken. In diesen Höhen können die Wolken zum Teil auch aus Eiskristallen bestehen. Meistens beinhalten sie aber Wasser.

In Höhen über 7 km bestehen die Wolken größtenteils aus Eis, weswegen die Konturen der Cirren verwaschen und faserig erscheinen. Weiterhin unterscheidet man noch Cirrostratus und Cirrocumulus. Erstere weisen eine eher gleichförmige Struktur auf und werden deswegen auch als hohe Schleierwolken bezeichnet, letztere erinnern mit ihren abgegrenzten Häufchen oft an eine Schafherde, weswegen man sie auch als kleine Schäfchenwolken bezeichnet.

Daneben gibt es noch Wolken, die eine sehr große vertikale Erstreckung aufweisen. Darunter fallen die Cumulus, welche immer dann entstehen, wenn Luft in tieferen Atmosphärenschichten zum Aufsteigen gezwungen wird. Das kann durch nachmittägliche Erwärmung im Sommer oder auch durch Anströmung eines Gebirges verursacht werden. Die typische Regenwolke, die Nimbostratus, erstreckt sich von etwa 1000 Metern bis in mehrere Kilometer Höhe. Am mächtigsten ist schließlich die Gewitterwolke Cumulonimbus, die sich bis zur Tropopause in über 10 km Höhe auftürmen kann. In dieser Höhe besteht sie nur noch aus Eis und franst an den Seiten deswegen faserig aus, wodurch sie auch an einen Amboss erinnert. Das sind die zehn Wolkengattungen, die auch noch weiter unterschieden werden können, wobei eine eindeutige Zuordnung nicht immer möglich ist. Diese Einteilung nach dem Aussehen ist jedoch nicht die einzige Möglichkeit zur Unterscheidung der Wolken. Es lässt sich auch eine Einteilung nach dem Entstehungsprozess vornehmen. Wolken, die durch schwache Hebung entstehen, erscheinen als dünne Schichten. Bei mäßiger Hebung der Luft, beispielsweise beim langsamen Aufgleiten einer wärmeren Luftschicht auf eine kältere, entstehen typischerweise Schichtwolken mit einer etwas mächtigeren vertikalen Erstreckung. Schließlich trifft man die Haufenwolken bei stärkerer Konvektion an, die dann oft die typische Blumenkohlform aufweisen.

Wie misst man eigentlich Wetter?
Thomas Ranft

Es ist eine Frage, die wir uns heutzutage kaum noch stellen, in Zeiten, in denen mir ein Smartphone mit ein paar Klicks verrät, wie warm oder kalt es gerade in meinem Vorgarten, auf Mallorca oder am Popocatépetl ist. Aber tatsächlich ist es erstmal unglaublich wichtig, dass man das Wetter misst und einordnet. Sonst hat man überhaupt keine Chance, eine halbwegs ordentliche Vorhersage zu machen. Und so haben kluge Köpfe in den vergangenen Jahrhunderten einige tolle Erfindungen gemacht: Das Thermometer, den Regenmesser und vieles andere. In Sachen Luftdruck hat Tim da eine Geschichte für uns:

Luftdruck messen *Tim Staeger*

Die Luft ist allgegenwärtig, wir atmen sie ständig ein und doch erscheint sie uns als ein Nichts. Aber wenn sie in Bewegung gerät, kann sie dicke Bäume wie Streichhölzer umknicken. Der Luft haftet etwas Mysteriöses an und erst als der Italiener Evangelista Torricelli im Jahr 1644 das Barometer erfand, wurde man sich ihrer Gewichtskraft bewusst.

Die Idee ist recht simpel, aber man muss erst einmal darauf kommen. Torricelli (1608–1647) war der Nachfolger Galileo Galileis als Hofmathematiker des Großherzogs von Toskana. Er wollte das Gewicht der Luft messen und tauchte dazu eine mit Quecksilber gefüllte Glasröhre kopfüber in ein Quecksilberbad. Das bei Zimmertemperatur flüssige Metall entwich nicht vollständig aus dem Rohr, im oberen Bereich entstand ein Unterdruck. Torricelli behauptete, dass das Quecksilber vom äußeren Luftdruck am

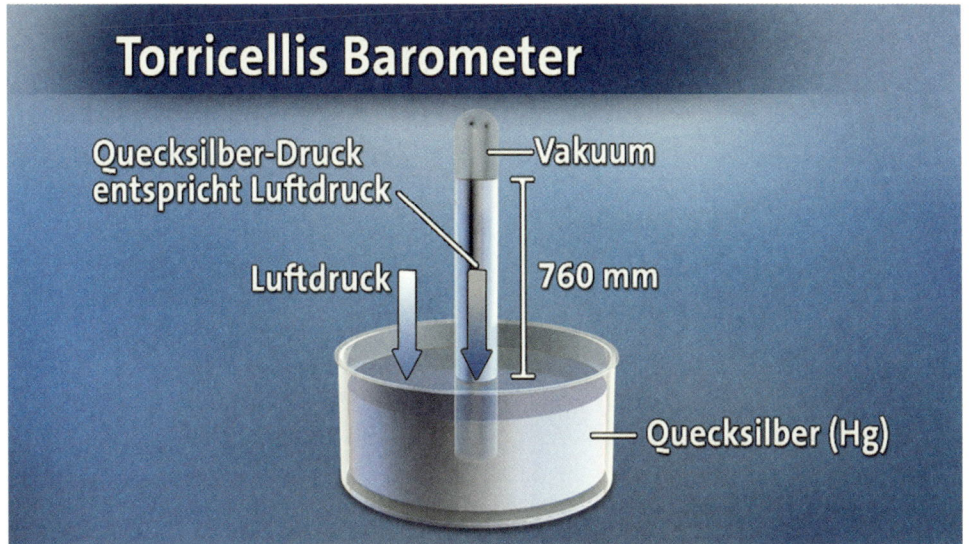

Torricellis Barometer

Quecksilber-Druck entspricht Luftdruck

Vakuum

Luftdruck

760 mm

Quecksilber (Hg)

vollständigen Entweichen aus dem Glasrohr gehindert wird, und er sollte damit Recht behalten.

Die Quecksilbersäule im Inneren ragt etwa 760 mm über den äußeren Flüssigkeitsspiegel hinaus. Also, folgerte Torricelli, entspricht der äußere Luftdruck genau demjenigen, den die 760 mm hohe Quecksilbersäule ausübt. Noch viele Jahre nach Torricelli wird der Luftdruck in mmHg, also Millimeter-Quecksilbersäule oder Torr angegeben. Als Nebenerscheinung sozusagen bemerkt der Italiener die Druckschwankungen, die durch den Wetterablauf hervorgerufen werden, kann sich jedoch deren Entstehung noch nicht erklären. Trotzdem war er ein Pionier der modernen, auf Messungen basierenden Meteorologie.

Der Normaldruck auf Meereshöhe von 760 mmHg entspricht in etwa 1013 hPa (Hektopascal), der modernen internationalen Einheit des Druckes. Das bedeutet, dass die Luftsäule auf einen Quadratmeter eine Kraft ausübt, die einem Gewicht von etwa 10 Tonnen entspricht! Doch wieso spüren wir nichts von dieser gewaltigen Last? Das besondere am Luftdruck ist, dass er von allen Seiten gleich stark wirkt, also auch von der Seite und von unten. Dies ist

der in ruhenden Gasen und Flüssigkeiten wirkende hydrostatische Druck, wie er um ein vielfaches stärker auch unter Wasser wirkt. Wir sind an diesen Umgebungsdruck angepasst und spüren ihn deswegen normalerweise nicht. Im Flugzeug wird uns sein Absinken jedoch oft unangenehm bewusst, wenn im Innenohr noch der Bodendruck aufrechterhalten wird und außen bereits ein deutlich geringerer Luftdruck herrscht.

Mit dem Wissen bezüglich des normalen Luftdrucks lässt sich übrigens auch das gesamte Gewicht der irdischen Atmosphäre abschätzen. Es beträgt etwa 5 Billiarden Tonnen. Zur Veranschaulichung: Ein Bleiwürfel dieses Gewichtes hätte eine Kantenlänge von über 76 Kilometern.

Luft in Bewegung
Thomas Ranft

Sie kennen das sicher, wenn die Sonne auf uns herabbrennt und sich kein Lüftchen regt, das auch nur annähernd etwas Abkühlung bringen könnte? Ja, manchmal kann Wind schon sehr angenehm sein.

Talnebel. Foto: Renate Maurer, Morschen

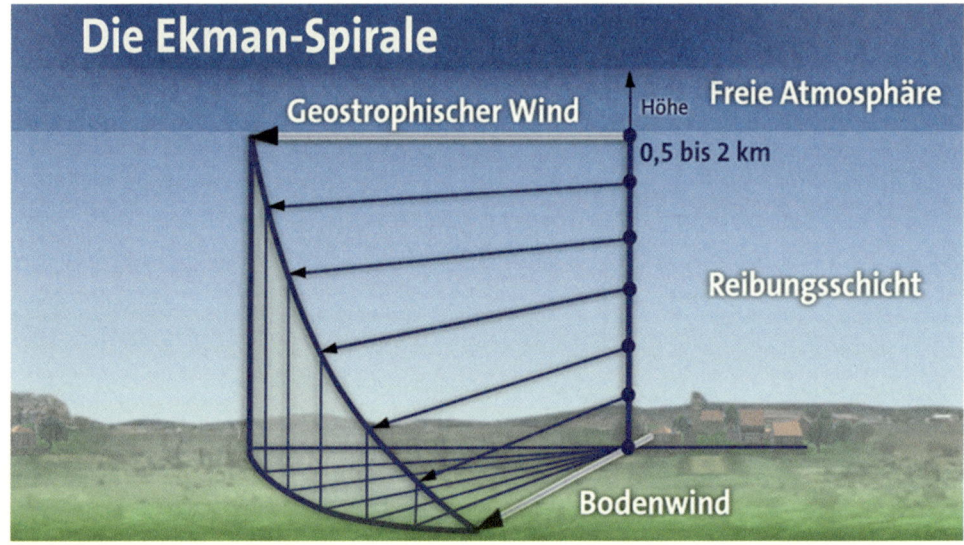

Der Boden bremst die Luft und lenkt sie um.

Auf der anderen Seite lässt er aber auch schon mal die Dachziegel fliegen, im kräftigen Sturm. Oder bei einem Gewitter, wenn ein sogenannter Downburst Dächer abdeckt und Bäume umwirft. Die Schäden können verheerend sein und ähneln denen eines Tornados. Downburst, was ist das eigentlich? Auf Deutsch können wir es Fallböe nennen, denn was da passiert, ist Folgendes:

In einer Schauer- oder Gewitterwolke fällt ein großes Luftpaket nach unten. Da es in einer Gewitterwolke Aufwinde mit Geschwindigkeiten um 100 km/h geben kann, kann man sich vorstellen, dass es ähnliche Geschwindigkeiten auch abwärts geben muss. Wenn dieses Luftpaket am Boden auftrifft, verteilt es sich so wie Wasser, das man am Boden ausgießt. Und dieser Schwall hat eine zerstörerische Kraft. Wenn wir uns jetzt vorstellen, dass die Luft in zwei, drei oder vier Kilometern Höhe deutlich kräftiger weht als am Boden und dann so ein schnelles Luftpaket nach unten gedrückt wird, entstehen am Boden plötzlich Sturmböen. Moment – wie, oben weht der Wind kräftiger? Aber natürlich! Und warum? Weil die Luft, die über uns hinweg strömt, vom Boden gebremst wird. Umso mehr, je mehr im Weg steht, z. B. ein

Gebirge, Hügel, Wälder oder Hochhäuser. All das verursacht Reibung und bremst den Luftstrom. Deswegen weht der Wind bodennah deutlich schwächer als in eineinhalb Kilometern Höhe. Etwa ab dieser Höhe ist die Bremswirkung des Bodens nicht mehr spürbar. Und wir können uns vorstellen, dass diese Bremswirkung über Land natürlich eine größere ist als über dem Meer, wo ja nichts im Weg steht, abgesehen von ein paar Booten.

Nun gibt es darüber hinaus aber noch Bereiche in der Atmosphäre, in der der Wind ganz besonders kräftig weht: Die Jetstreams ...

Der Jetstream *Tim Staeger*

In etwa 10 km Höhe befinden sich Starkwindgebiete, die für das Wettergeschehen von großer Bedeutung sind.

Die stärksten Winde auf diesem Planeten wehen hoch über unseren Köpfen an der Grenze zwischen Troposphäre und Stratosphäre in etwa 10 bis 18 km Höhe. Dort können im Bereich des sogenannten Strahlstroms maximale Windgeschwindig-

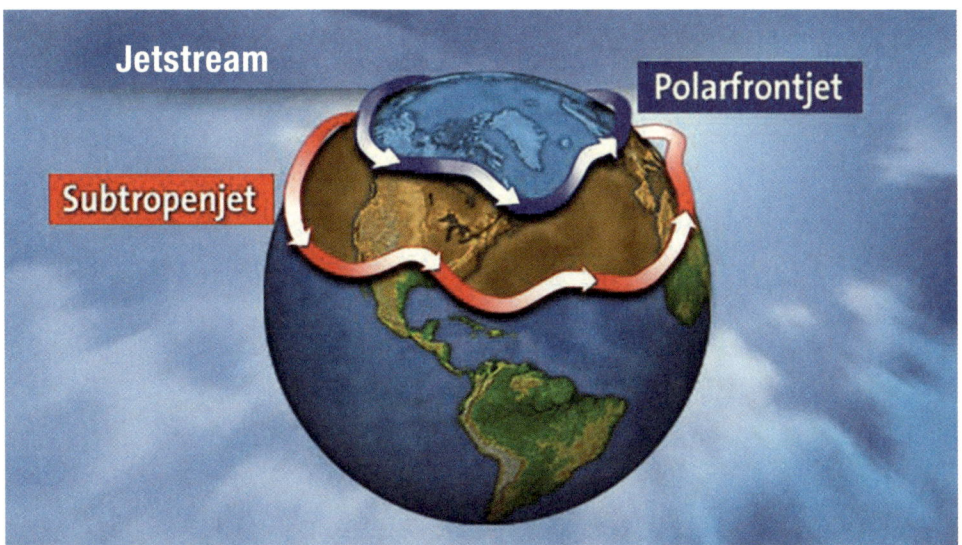

keiten über 600 km/h erreicht werden. Diese kleinräumigen Starkwindgebiete sind nicht nur ein Problem für die Luftfahrt, sondern beeinflussen die Entstehung und Zugbahnen von Tiefdruckgebieten.

Als gegen Ende des Zweiten Weltkrieges amerikanische Langstreckenbomber vom Typ B-29 über den Pazifik nach Japan in für die damalige Zeit ungewöhnlichen Flughöhen von 10 km flogen, wunderten sich die Piloten, dass sie zeitweise mit extrem starken Gegenwinden zu kämpfen hatten und kaum noch vorankamen. Sie waren auf den Jetstream, zu Deutsch Strahlstrom, gestoßen, dessen Existenz von dem schwedischen Meteorologen Carl-Gustaf Arvid Rossby (1898–1957) theoretisch vorausgesagt wurde. In den Tropen gelangt sehr viel mehr Sonnenenergie in die Atmosphäre, als an den Polen. Somit steigt rund um den Äquator feuchtwarme Luft in bis zu 18 km Höhe, wodurch dort der Luftdruck ansteigt und ein sogenanntes Höhenhoch entsteht. An den Polen ist die Situation genau umgekehrt: Die kalte Luft ist sehr schwer und sammelt sich in niedrigeren Luftschichten. Am Oberrand der Troposphäre, die dort nur etwa 8 km mächtig ist, entsteht somit ein Höhentief.

Wie wir anfangs schon erklärt haben, strömt die Luft immer vom hohen zum tiefen Druck, also möchte sie sich vom Äquator zum Pol bewegen. Da macht ihr jedoch die Erdrotation einen Strich durch die Rechnung, denn diese lenkt die Luftströmung auf der Nordhalbkugel nach rechts ab. Schließlich entstehen Starkwindgebiete, die im Mittel von Ost nach West ausgerichtet sind. Es gibt insgesamt vier solcher Gebiete: Die Subtropenjets in etwa 35 Grad nördlicher bzw. südlicher Breite und die noch stärkeren Polarfrontjets, die sich in jeweils etwa 60 Grad nördlicher bzw. südlicher geografischer Breite um den Globus schlängeln.

Ein Hauptziel meteorologischer Flugberatung besteht in der Nutzung (bei Rückenwind) bzw. Meidung (bei Gegenwind) dieser Starkwindgebiete, welche sich in mitunter weit ausschweifenden, nach ihrem Entdecker benannten Rossby-Wellen um die gesamte Hemisphäre winden. Der Jetstream wirkt wie eine natürliche Barriere für den Austausch wärmerer Luftmassen aus den Tropen und kälterer Polarluft. Jedoch entstehen gerade im Bereich der Jetstreams die Tiefdruckgebiete der mittleren Breiten, die diese Barriere in tieferen Luftschichten aufbrechen und somit einen großräumigen Temperaturausgleich zwischen Äquator und Pol erwirken.

Aus diesem Grund ist die Lage des Jetstreams für die Wetterentwicklung der mittleren Breiten von großer Bedeutung, steuert er doch in etwa die Verlagerung der wetterwirksamen Tiefs. Verläuft der Jetstream beispielsweise von den Britischen Inseln und Irland über die Nordsee nach Skandinavien, so reihen sich die Tiefdruckgebiete genau auf dieser Route auf und halten mit ihrer milden Meeresluft im Winter den Frost, im Sommer hingegen heiße Kontinentalluft aus Osteuropa auf Distanz. Dazu gibt es typischerweise vor allem im Küstenumfeld auch viel Wind und Regen.

Macht der Jetstream jedoch einen großen Bogen vom Atlantik über Skandinavien nach Russland, so werden Tiefs weiträumig um Mitteleuropa herum geführt. Im Sommer kann eine solche auch als Omega-Lage bezeichnete Konstellation Hitzerekorde und anhaltende Dürre zur Folge haben, im Winter kann die Luft unter Hochdruckeinfluss hingegen auskühlen, was eine sogenannte Inversion mit Dauerfrost nach sich zieht.

Licht an! *Thomas Ranft*

Was gehört unbedingt zum Wetter? Licht! Gut, der ein oder andere wird sagen: »Warum? Wetter gibt's doch auch nachts!« Und damit hat er Recht, aber ohne das »große« Licht, die Sonne nämlich, gäbe es bei uns, wie vorhin schon erwähnt, kein nennenswertes Wetter. Dabei kommt es auf ihre Helligkeit an – und die kann enorm variieren. Stellen Sie sich einen sonnigen Sommertag vor: Es ist Mittag und die Sonne scheint so stark, dass Sie die Augen kaum öffnen können. Kein Wunder, denn das sind etwa 100 000 Lux, die ihre Augen da malträtieren. Wie viel 100 000 Lux sind, wird klar, wenn ich Ihnen verrate, dass ein sonniger Wintertag mit tiefstehender Sonne bestenfalls

20 000 Lux bieten kann. Etwa genauso viel, wie ein Sommertag voller Wolken. Im Büro erleben Sie meistens etwa 300 Lux, und das Licht des Vollmonds bei klarem Himmel, das sogar Schatten in der Nacht wirft, hat gerade mal 0,27 Lux. Unglaublich, oder?

Das Licht der Sonne ist natürlich auch für Abertausende von Solaranlagen-Besitzern wichtig. Wer solche Paneele auf dem Dach hat, weiß anhand seines Zählers doch schon ziemlich gut, wie viel die Sonne im Jahr etwa scheint. Sonnenenergie ernten ist grundsätzlich eine hervorragende Idee: Erstens, weil sehr viel mehr Energie auf der Erde landet, als wir Menschen benötigen, und zweitens, weil die Lieferung von Sonnenenergie noch für ein paar Milliarden Jahre gesichert ist.

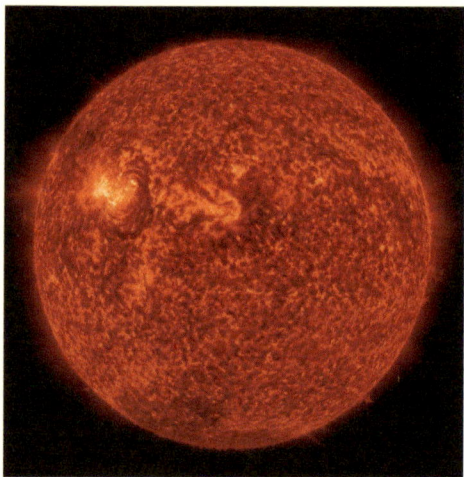

Sonne mit Eruptionen, © NASA

Der Motor des Wetters
Tim Staeger

Die Sonne als Zentralgestirn unseres Sonnensystems ist im Mittel etwa 150 Millionen km von der Erde entfernt. Das entspricht der 389-fachen Distanz zwischen Erde und Mond. Trotz dieser großen Entfernung kommen bei uns ständig riesige Energiemengen an, welche die Wettermaschine am Laufen halten.

Die Dimensionen sind gigantisch: Die Sonnenscheibe, die man mit ausgestrecktem Arm mit dem Daumen verdecken kann, hat einen Durchmesser von knapp 1,4 Millionen km, was dem 109-fachen der Erde entspricht. Ihre Masse ist 333 942 Mal größer als die der Erde, wodurch sich ein 70 kg wiegender Mensch auf ihrer Oberfläche fast zwei Tonnen schwer fühlen würde, falls er die Hitze von 6050 Grad Celsius ertragen könnte, die dort herrscht. Im Sonneninneren ist es sogar unvorstellbare 15 Millionen Grad heiß.

Die Hauptbestandteile der Sonne sind 92,1 Prozent Wasserstoff und 7,8 Prozent Helium. Die riesigen Energiemengen entstehen durch Kernfusion unter gewaltigem Druck und der immensen Temperatur im Sonneninneren. Dort werden Wasserstoffatome zu Helium verschmolzen, wodurch die Sonne eine Leistung von knapp 400 Yottawatt erzeugt – das ist eine 4 mit 26 Nullen.

Auf der Kreisfläche, die durch die Erde im Weltraum eingenommen wird, kommen davon etwa 175 Petawatt an, eine 175 mit nur noch 15 Nullen. Das entspricht überschaubaren 1367 Watt pro Quadratmeter. Dieser Wert wird als Solarkonstante bezeichnet, obwohl die Leuchtkraft der Sonne nicht konstant ist, sondern über die Jahre bis Jahrhunderte im Promillebereich schwankt, wodurch langfristig auch Klimaänderungen verursacht werden. Die Erwärmung innerhalb der vergangenen Jahrzehnte geht jedoch auf das Konto des anthropogenen Zusatz-Treibhauseffekts.

Diese Energiemenge verteilt sich nun über die Kugeloberfläche der Erde, wodurch dort noch etwa 340 Watt pro Quadratmeter übrigbleiben. In der Atmosphäre wird etwa die Hälfte dieser Energiemenge gefiltert, sodass gemittelt über alle Klimazonen und Jahreszeiten den Erdboden etwa 170 Watt pro Quadratmeter erreichen.

Die Tropen sind dabei begünstigt, da dort die einfallende Strahlung steiler und damit weniger geschwächt eintrifft als in polaren Breiten. Zudem verteilt sich die Sonnenenergie mit zunehmender Entfernung vom Äquator über eine größere Fläche. Der mittlere Einfallswinkel (griech. klino = ich neige) der Sonneneinstrahlung bestimmt maßgeblich das Klima an einem Ort.

Die Atmosphäre und die Weltmeere sind nun in etwa zu gleichen Teilen bemüht dieses energetische Ungleichgewicht durch Luft- und Meeresströmungen auszugleichen. Das gelingt jedoch nie, weswegen es immer wieder neues Wetter gibt.

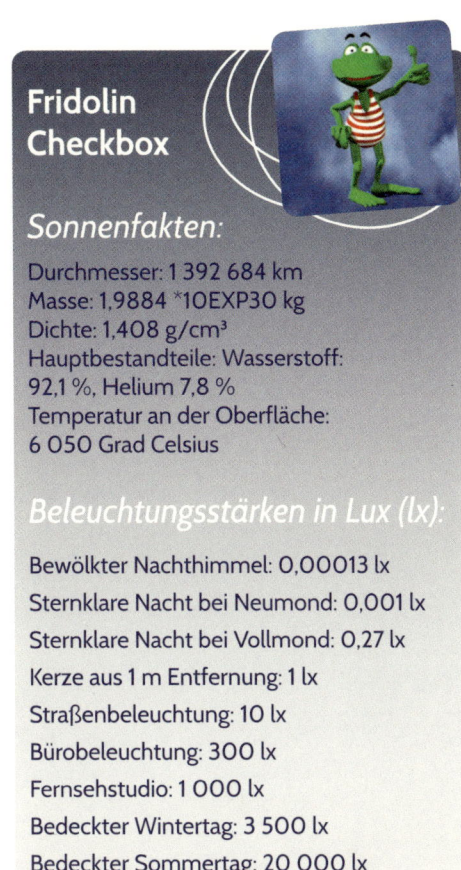

Fridolin Checkbox

Sonnenfakten:

Durchmesser: 1 392 684 km
Masse: $1{,}9884 * 10 \mathrm{EXP}30$ kg
Dichte: 1,408 g/cm³
Hauptbestandteile: Wasserstoff: 92,1 %, Helium 7,8 %
Temperatur an der Oberfläche: 6 050 Grad Celsius

Beleuchtungsstärken in Lux (lx):

Bewölkter Nachthimmel: 0,00013 lx

Sternklare Nacht bei Neumond: 0,001 lx

Sternklare Nacht bei Vollmond: 0,27 lx

Kerze aus 1 m Entfernung: 1 lx

Straßenbeleuchtung: 10 lx

Bürobeleuchtung: 300 lx

Fernsehstudio: 1 000 lx

Bedeckter Wintertag: 3 500 lx

Bedeckter Sommertag: 20 000 lx

Wolkenloser Sommertag: 100 000 lx

WETTER UND MENSCH

Macht uns Wetter krank? *Thomas Ranft*

Sagen Sie, macht Ihnen das Wetter zu schaffen? Sind Sie wetterfühlig? Manchmal abgeschlagen oder unkonzentriert? Bekommen Sie Kopfschmerzen oder zwickt's im Knie? Nun, wie in so vielen Bereichen kann man bei Bedarf die Ursache von Problemen gerne mal beim Wetter suchen. Das Wetter ist schuld! Eine einfache Aussage, schließlich kann sich das Wetter ja nicht wehren. Sind Aussagen zur Wetterfühligkeit deswegen frei erfunden? Wenn Sie keinerlei Beschwerden haben, so wie der Großteil unserer Bevölkerung, dann werden Sie vielleicht sagen: »Ja, das ist doch alles Quatsch!« Auf der anderen Seite behaupten viele Menschen wetterfühlig oder wetterempfindlich zu sein. Ist das nun eine Glaubensfrage? Nein, es gibt die unterschiedlichsten Untersuchungen, immer wieder neue Zahlen und Studien, die einen Zusammenhang belegen. Und wenn man sich Umfragen in Deutschland ansieht, liege ich nicht falsch, wenn ich in den Raum werfe, dass fast jeder Zweite das Wetter irgendwie »spürt«. Nicht ohne Grund hat zum Beispiel der Deutsche Wetterdienst eine eigene Medizinmeteorologische Abteilung. Es gibt groß angelegte Studien aus den USA, die einen Zusammenhang zwischen Wetter und Kopfschmerzen belegen, und viele Menschen, die eine Vorerkrankung haben, z. B. des Herz-Kreislauf-Systems oder alte Narben, bestätigen, dass sich ihre Beschwerden durch Wetterumschwünge verstärken können. Das hat unter anderem mit Luftdruckänderungen zu tun, oder dem Wechsel von kalt zu warm oder umgekehrt. Darauf muss sich unser Organismus ja erst einmal einstellen. Jeder von uns weiß, dass zu große Hitze oder Kälte wirklich unangenehm sind, auch wenn jeder Temperatur unterschiedlich empfindet. Die einen mögen es lieber warm, anderen sind 26 Grad eigentlich schon zu heiß, sie mögen den Winter lieber. Wie will man das nun unter einen Hut bringen? Mit einem ganz spannenden Typen: dem Klima-Michel.

Der Klima-Michel
Tim Staeger

Worin unterscheiden sich gemessene und gefühlte Temperatur?
Sind Sie männlich, 35 Jahre alt, 1,75 cm groß und 75 kg schwer? Falls ja, haben Sie etwas mit dem Klima-Michel gemeinsam, für den beim Deutschen Wetterdienst die gefühlte Temperatur berechnet wird. Denn wie die Bezeichnung schon nahelegt, ist diese Größe nicht allgemein gültig, sondern individuell mitunter recht unterschiedlich.
Der menschliche Körper reguliert seine Temperatur in einem sehr schmalen Bereich und ist dabei doch sehr stark schwankenden äußeren thermischen Bedingungen ausgesetzt. Je nach Wetterlage kann dabei die gefühlte Temperatur stark von der gemessenen

abweichen. Um diese Abweichung abzuschätzen, findet ein sogenanntes Energiebilanzmodell des Menschen Verwendung.

In diesem Modell wird die Anpassungsleistung der menschlichen Thermoregulation betrachtet. Befindet sich die Temperatur in einem behaglichen Bereich, ist die Thermoregulation kaum gefordert und man fühlt sich in dieser Hinsicht wohl. Bei extremen äußeren Bedingungen kann die Regulierung der Körpertemperatur aufwendig sein und dadurch den Kreislauf entsprechend belasten. Vor allem für ältere Menschen, Kinder sowie Menschen mit einem geschwächten Herz-Kreislauf-System kann eine sommerliche Hitzewelle mitunter sehr belastend sein.

Neben der Temperatur ist auch die Luftfeuchtigkeit ein weiterer wichtiger Faktor, der die Thermoregulation beeinflusst. Denn umso feuchter die Luft ist, desto geringer ist die Verdunstung des Schweißes auf der Haut und damit dessen Kühl-Leistung. Des Weiteren spielt auch die Windgeschwindigkeit eine Rolle, denn bei starkem Wind wird die isolierende Luftschicht über der Hautoberfläche verwirbelt, wodurch der Wärmefluss über die Haut verstärkt wird. Das kann bei Hitze willkommen sein, im Winter wird durch diesen sogenannten Windchill aber die Auskühlung beschleunigt. Neben diesen atmosphärischen Faktoren wirken sich noch die isolierende Wirkung der Kleidung sowie die körperliche Aktivität auf die gefühlte Temperatur aus.

Diese Faktoren fließen nun in das oben angesprochene Energiebilanzmodell ein, in welchem der Klima-Michel quasi als Ottonormalverbraucher seinen Dienst tut, stets der Jahreszeit angemessene Kleidung trägt, sich bei Hitze keiner zu starken körperlichen Belastung aussetzt und bei klirrender Kälte keinen Glühwein trinkt. Denn durch die dann weit geöffneten Hautporen entweicht viel Körperwärme, was zunächst als wohlig empfunden wird, jedoch auch das Auskühlen beschleunigt.

Leben Sie in der Stadt?
Thomas Ranft

Dass wir Wetter unterschiedlich wahrnehmen, hat auch damit zu tun, wo wir leben. Sind Sie ein Stadtmensch? Jemand, der Natur bestenfalls mal am Wochenende erlebt, wenn er rausfährt ins Grüne? Jemand, der tagein tagaus im Büro sitzt und das Wetter nur auf dem Weg zur Arbeit und wieder zurück mitbekommt? Besteht Natur für Sie meistens aus Steinen, Beton und Asphalt? Oder sind Sie auf dem Land daheim? Mögen Sie den Geruch von frisch gemähtem Gras, das Zirpen der Grillen im Sommer, die wunderbare Stille und die dunklen Nächte, in denen die Sterne vom Himmel strahlen? Davon bekommt man in der Stadt eher weniger mit. Dafür kommt man dort ganz einfach mit der S-Bahn ins Zentrum, kann im Sommer abends noch lange draußen sitzen bei einem Kaltgetränk, als Frankfurter natürlich bei einem sauer gespritzten Äppler. Abends um elf oder zwölf auf der Terrasse, das geht in der Stadt viel einfacher als auf dem Land. Warum? Weil das Klima sich tatsächlich in der Stadt deutlich von dem im Umland unterscheidet. Wenn Meteorologen messen, dann tun sie das nach einem internationalen Standard. Das bedeutet: Man kann Werte aus Nordhessen mit denen aus Uruguay oder Indien vergleichen. Die Vorgabe dafür ist Folgende: Keine Bebauung in der Umgebung und keine Bäume in unmittelbarer Nähe, gemessen wird 2 m über dem Erdboden, der von einer Wiese bedeckt ist. Können Sie sich jetzt vorstellen, dass dann zum Beispiel die offizielle Frankfurter Temperatur eine ganz andere ist, als die, die man an der Hauptwache messen würde, oder die offizielle Münchner Temperatur sich deutlich von der am Stachus gemessenen unterscheiden dürfte? Weltweit leben immer mehr Menschen in Städten, die Weltbevölkerung wächst, und das tut sie insbesondere in den ohnehin schon dichtbesiedelten Gebieten. Auch in

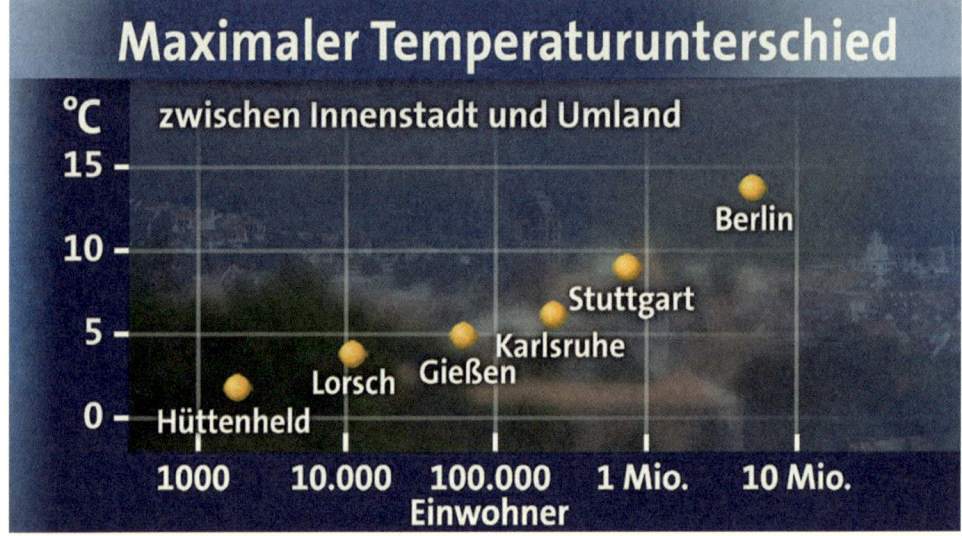

Maximaler Temperaturunterschied
°C zwischen Innenstadt und Umland

Berlin · Stuttgart · Karlsruhe · Gießen · Lorsch · Hüttenheld

(Einwohner: 1000, 10.000, 100.000, 1 Mio., 10 Mio.)

Deutschland nimmt die Bewegung vom Land in die Städte zu. Das ist eine riesige Herausforderung, insbesondere, weil das Stadtklima alles andere als einfach und gesund für den Menschen ist. Tim hat dazu ein paar Fakten:

Stadtklima *Tim Staeger*

In Städten herrschen andere lokale Klimabedingungen als im Umland. Wodurch werden diese Veränderungen hervorgerufen? Durch die geringe Wärmekapazität des Baumaterials heizt sich dieses besonders im Sommer an sonnigen Tagen sehr stark auf. Nachts kühlt es in Innenstädten weniger stark aus als im Umland, da Pflanzen fehlen, die durch Verdunstung ihrer Umgebung viel Energie entziehen und dadurch lokal zur Abkühlung beitragen. Im Winter erwärmen die Gebäudeheizungen die dicht besiedelten Gebiete und vor allem während einer sogenannten Inversion verhindert eine Dunstglocke die Wärmeabstrahlung über den Städten.

Die Erwärmung ist umso ausgeprägter, je näher man sich am Stadtzentrum befindet

und natürlich je größer die Stadt ist. In kleineren Siedlungen unter zehntausend Einwohnern beträgt der maximale Temperaturunterschied zwischen Innenstadt und Umland etwa 2 bis 5 Grad, bei Städten bis hunderttausend Einwohnern kann diese Differenz schon bis 8 Grad betragen und in großen Metropolen wie Berlin wurden sogar schon maximale Unterschiede von fast 14 Grad gemessen! Das sind natürlich Spitzenwerte, die vor allem in klaren Sommernächten auftreten, nachdem sich die Innenstädte infolge einer Hitzewelle bereits über mehrere Tage aufgeheizt haben.

Aber auch die Luftfeuchtigkeit ist in Städten durch die spärliche Vegetation und die großen versiegelten Flächen geringer als im Umland, wodurch dort auch die Anzahl von Nebeltagen geringer ist. Auch der Wind wird durch die Bebauung beeinflusst. Einerseits wird er durch die verstärkte Reibung an Gebäuden abgeschwächt, andererseits können vor allem in Straßenschluchten zwischen Hochhäusern Düseneffekte und somit kleinräumige Starkwindgebiete mit erhöhter Böigkeit auftreten.

Durch den Schadstoffausstoß innerhalb großer Ballungsräume ist die atmosphärische Konzentration sogenannter Aerosole erhöht. Das sind kleine Schwebeteilchen, die bei der Wolkenbildung als Kondensationskeime dienen. Dadurch ist die Bewölkung über Städten erhöht, wodurch im Gegenzug auch die Sonnenscheindauer herabgesetzt ist. Dies wirkt sich wiederum vor allem bei winterlichen Inversionen negativ aus, da hierdurch die in geringen Dosen gesundheitsfördernde Wirkung der UV-Strahlung herabgesetzt ist. Vor allem in den Mega-Städten der Entwicklungs- und Schwellenländer führt die enorme Schadstoffbelastung zu dem gefürchteten Sommersmog, wodurch in Verbindung mit intensiver Sonneneinstrahlung die Ozonkonzentration stark ansteigt, was Augenrötungen und Reizungen der Atemwege zur Folge hat.

Ein Nachtrag zum Stadtklima *Thomas Ranft*

Wenn man das alles so liest, dann wird einem doch bewusst, wie wichtig intelligente Stadtplanung für unsere Zukunft ist. Nicht immer wurden Städte in Hinblick auf ein optimales Klima geplant und gebaut. Inzwischen achten Verantwortliche aber darauf, dass zum Beispiel Kaltluftschneisen in den Innenstädten existieren, dass entlang eines Flusses in der Nacht Frischluft ins Zentrum gelangt oder kalte frische Luft aus dem Umland in den Nachtstunden wie ein Wasserfall in die Stadt hineinfließt. Dazu ist es wichtig, dass in bestimmten Bereichen der Stadt Häuser nicht zu hoch gebaut werden, manchmal kann bereits ein einziges Gebäude die Luftströmung erheblich stören. Ebenso ist es aber wichtig, Plätze zu beschatten, am besten mit Bäumen, die nicht nur Kühle bringen, sondern auch Feuchtigkeit. Flachdächer sind begrünt nicht nur schöner, und der niedrige Bewuchs muss nicht einmal gepflegt werden, sie senken die Oberflächentemperatur des Dachs im Sommer auch noch um bis zu 30 Grad und

speichern Wasser, das dann erst verzögert in die Kanalisation abgeleitet wird. Ein wichtiger Puffer bei Starkregen, der Überschwemmungen bremsen kann. Und wenn Sie selbst auch etwas für das Klima tun wollen, dann machen Sie aus Ihrem Vorgarten bitte keine Steinwüste. Diese Gartenanlagen mit den großen Kieseln sind zwar ganz schick und man muss auch keinen Rasen mähen, aber auch hier gilt: Pflanzen speichern Wasser, kühlen die Luft und produzieren den Sauerstoff, den wir zum Leben brauchen ...

Die persönliche Wahrnehmung *Thomas Ranft*

Wie informieren Sie sich eigentlich über das Wetter der nächsten Tage? Fernseher? Radio? Internet? Haben Sie eine App, die Ihnen mit kleinen netten Bildchen zeigt, wie das Wetter wird? Und sind Sie dann enttäuscht, wenn es nicht so geworden ist, wie es Ihnen angezeigt wurde?
Ich habe bewusst diese Formulierung gewählt, denn wie soll ein Icon, also ein kleines Bildchen, auf dem Sie eine halbe Sonne hinter einer Wolke sehen, und darunter ein paar Tropfen, verraten, wie der tatsächliche Wettereindruck ist? Wir haben das gleiche Problem, wenn wir eine Wettervorhersage für die Tagesschau um 20:15 Uhr machen. Eine Minute fünfzehn (bewusst ausgeschrieben!), und da stecken drin: eine Europa-Druckprognose, die Wolken- und Niederschlagsprognose Deutschlands der nächsten 24 Stunden, dazu der Wind, die Tiefsttemperaturen der Nacht, die Höchsttemperaturen des Tages, die Aussichten für die nächsten 3 Tage. Sechs Elemente in 75 Sekunden, da bleiben alleine für die Wolken und den Niederschlag bestenfalls 20 Sekunden! Da dürfte jedem klar sein, dass man nicht in 20 Sekunden den Wetterverlauf für jeden Ort Deutschlands minutiös

wiedergeben kann. An vielen Tagen könnten wir einfach sagen: Morgen scheint die Sonne, es ist bewölkt und es regnet. Wäre richtig, hilft Ihnen aber nicht. Vor allem, weil Sie wahrscheinlich nur das hören, was Sie hören wollen, je nach Gusto »Sonne« oder »Regen«. Und sich dann wundern, dass es doch irgendwie anders geworden ist. Wenn Sie im Wetterbericht hören »es wird warm«, verbinden Sie das mit großer Wahrscheinlichkeit mit »schön«. Das muss aber nicht stimmen. Es kann warm werden und trotzdem regnet. Die große Herausforderung bei Wettervorhersagen ist, Ihnen den *richtigen* Wettereindruck zu vermitteln, also zum Beispiel: »über weite Strecken des Tages freundlich, aber es kann ganz vereinzelt zu Schauern kommen, dabei nicht kalt«. Hier wird auch die Problematik von Wetterapps deutlich. Die liefern üblicherweise keinen Text, weil es eine reine Maschinenvorhersage ist. Mein Tipp: Informieren Sie sich dort, wo Menschen dahinterstehen, die die Wetterlage einordnen und erklären. Das hilft Ihnen, ganz sicher.

Dazu müssen wir aber auch alle »die gleiche Sprache sprechen«, und Tim hat da ein passendes Beispiel:

Regenwahrscheinlichkeit *Tim Staeger*

Was genau versteht man unter der Regenwahrscheinlichkeit?

»Morgen beträgt die Regenwahrscheinlichkeit 30 Prozent«. Was verstehen Sie unter dieser Aussage? Die Antwort ist gar nicht so einfach und selbst unter Meteorologen ist die Sinnhaftigkeit einer solchen Information umstritten.

Diese Frage wurde insgesamt 750 Passanten auf öffentlichen Plätzen in New York, Berlin, Amsterdam, Mailand und Athen gestellt. Zur Auswahl standen folgende Antwortmöglichkeiten:

a) Morgen regnet es auf 30 Prozent der Fläche.

b) Morgen regnet es in 30 Prozent der Zeit.

c) Es wird an 30 Prozent der Tage regnen, die durch die gleiche Wetterlage charakterisiert sind, wie der morgige Tag.

Die New Yorker wählten mehrheitlich Antwort c), die als die richtige angenommen wurde. Dort wird die Regenwahrscheinlichkeit seit über 40 Jahren in den Medien verbreitet, entsprechend aufgeklärt gaben sich die Bewohner des Big Apple. Andernorts war das Ergebnis jedoch nicht so eindeutig. Es gab auch recht kuriose Einschätzungen wie beispielsweise die Vorstellung, es handele sich um ein Abstimmungsergebnis unter Wetterexperten. Manche vermuteten, die Angabe hänge mit der Regenmenge zusammen. Auch wenn Antwort c) stillschweigend als die richtige Interpretation vorausgesetzt wird, ist die Angabe einer Regenwahrscheinlichkeit im Grunde unvollständig. Eine Wahrscheinlichkeit beschreibt streng genommen die Häufigkeit des Eintretens eines klar definierten und wiederholbaren Ereignisses. Beim Würfeln beispielsweise beträgt die Wahrscheinlichkeit eine beliebige Zahl zu erhalten genau ein Sechstel, denn es gibt sechs verschiedene, gleich wahrscheinliche Zahlen.

Beim Wetter ist das nicht ganz so simpel. Man muss zunächst klarstellen, worüber man spricht. So ist die Wahrscheinlichkeit, dass es irgendwo auf der Erde an einem Tag regnet 100 Prozent, selbst in Deutschland wird es mit 100-prozentiger Wahrscheinlichkeit am Wochenende regnen. Diese Aussage ist zwar wahr, bringt einen aber bei der Entscheidung, ob man am Samstagnachmittag beim Spaziergang in Frankfurt am Main einen Regenschirm mitnehmen sollte, nicht wirklich weiter.

Genau genommen ist eine Regenwahrscheinlichkeit nur für einen nicht zu großen Ort und eine nicht zu lange Zeitspanne sinnvoll anzugeben. Bei einem ausgedehnten Landregen ist die Regenwahrscheinlichkeit an einem bestimmten

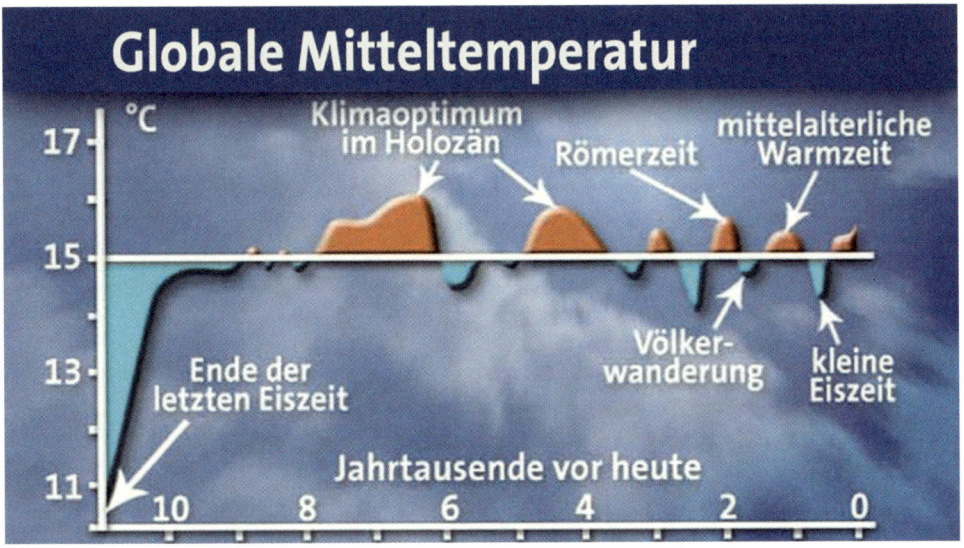

Punkt oder in einem größeren Gebiet ähnlich hoch, hier ist der Zeitraum, für den die Wahrscheinlichkeit gilt, entscheidend. Bei typischem Schauerwetter kann es jedoch auch an einem Ort kurzzeitig stark regnen, während es wenige Kilometer weiter trocken bleibt. In diesem Fall ist die Wahrscheinlichkeit sehr stark von der Größe des betrachteten Gebietes abhängig.

Wir sind ja alle eigentlich ausgewanderte Afrikaner ... *Thomas Ranft*

Diesen Satz hat mal ein Biologe, der Gast bei *alle wetter!* war, gesagt. Und tatsächlich hat er ja Recht. Die Wiege der Menschheit liegt in Afrika, und im Laufe der Evolution haben wir uns nicht nur dem wandelnden Klima angepasst, sondern auch das versucht, was jede Spezies auf diesem Planeten versucht: neue Lebensräume zu erobern und sie maximal zu besetzen. Da geht es allen gleich, egal ob Bakterium, Wal oder Mensch. Wobei vor 75 000 Jahren vermutlich nur etwa

10 000 Menschen auf der Erde lebten, vor etwa 2000 Jahren waren es laut UNO etwa 300 Millionen. Davon lebten allein im Römischen Reich etwa 57 Millionen Menschen. Weitere Zahlen gefällig? 1800: Eine Milliarde, 1927: 2 Milliarden, 1999: 6 Milliarden, 2011: 7 Milliarden, 2016: 7,4 Milliarden Menschen. Wir haben praktisch jeden Teil der Landmasse der Erde besiedelt und das ist uns nicht aufgrund von genetischer Evolution gelungen, sondern weil wir uns aufgrund unserer geistigen Fähigkeiten anpassen konnten. Anpassung an eigentlich unwirtliche Klimazonen. Wir können heizen und uns anziehen, wir können Ackerbau in einer Dimension betreiben, die vor einigen Tausend Jahren noch illusorisch erschien. Aber völlig unabhängig von der Klimaentwicklung war die Entwicklung der Menschheit nie.

Klima macht Geschichte *Tim Staeger*

Die Menschheitsgeschichte ist eng mit Klimaschwankungen verknüpft.

Als vor etwa 11 000 Jahren die letzte Eiszeit zu Ende ging und sich die Eispanzer nach Norden zurückzogen, begann eine sehr stabile Klimaperiode, die aufstrebenden Hochkulturen ideale Entwicklungsbedingungen bot. Aber auch geringere Klimaschwankungen führten in Europa zu historischen Umwälzungen.

Die letzte Eiszeit dauerte etwa 70 000 Jahre und war geprägt von starken Klimaschwankungen. Seit etwa 11 000 Jahren befinden wir uns im sogenannten Holozän (auch Neo-Warmzeit), welches bisher durch ein stabiles Klima geprägt war. Tatsächlich fanden die frühen Hochkulturen am Nil und im Zweistromland ideale Bedingungen vor, welche ihnen sehr gute Ernteerträge einbrachten, was den Aufstieg Ägyptens und Mesopotamiens erst ermöglichte. Die Sahara war zu dieser Zeit eine Savanne mit reichlichen Wasservorkommen, durch die Giraffen und Elefanten zogen, wie alte Fels- und Höhlenmalereien bezeugen. Auch die als Optimum der Römerzeit bezeichnete, recht warme Periode zwischen 100 und 400 n. Chr. fällt wohl nicht ganz zufällig mit der Blütezeit des Römischen Reiches zusammen. Jedenfalls steht diese Epoche in deutlichem Gegensatz zu dem darauffolgenden Pessimum der Völkerwanderungszeit. Denn zwischen etwa 400 und 600 n. Chr. verschlechterten sich die klimatischen Bedingungen in Europa wieder und die ausbleibenden Ernten zwangen viele germanische Völker ihren angestammten Lebensraum zu verlassen und sich auf die Suche nach einer neuen Heimat zu machen. Darauf folgte zwischen 800 und 1300 das Mittelalterliche Optimum, in dem es ähnlich warm war, wie in der letzten Klimanormalperiode von 1961 bis 1990, deren Mitteltemperatur als Bezugswert verwendet wird. Da aus dieser Zeit aber keine direkt gemessenen Daten existieren, sondern beispielsweise die Breite von Baumringen oder Eisbohrkerne zu Rate gezogen werden, sind die Unsicherheiten größer als bei direkt gemessenen Temperaturwerten.

Jedoch deuten viele deutsche Ortsnamen aus dieser Zeit auf Weinanbau in Regionen hin, in denen es bis vor Kurzem noch zu kühl dafür war. Des Weiteren besiedelten die Wikinger 982 zum ersten Mal Grönland, was übersetzt »Grünland« bedeutet. Sie mussten jedoch etwa 400 Jahre später ihre Siedlungen dort wieder aufgeben, da erneut eine kühlere Klimaepoche, die sogenannte »Kleine Eiszeit« begann.

Sie war charakterisiert von sehr strengen und langen Wintern, sowie kühlen Sommern. Es ist belegt, dass die Ostsee im 15. Jahrhundert mindestens zweimal komplett zufror. Die Gletschervorstöße in den Alpen in dieser Zeit waren die stärksten der letzten etwa 10 000 Jahre. Hungersnöte und Auswanderungswellen in die Neue Welt waren die Folge. Es wird sogar ein Zusammenhang zwischen dem Höhepunkt der Hexenverbrennungen und einer besonders kalten Phase zu Beginn des 17. Jahrhunderts vermutet. Denn die hierdurch ausgelöste existenzielle Not führte zu Massenhysterien, die in Verbindung mit der Suche nach Sündenböcken zahlreiche Opfer forderten. Ursache hierfür sind Schwankungen der Sonneneinstrahlung und eine Reihe besonders starker Vulkanausbrüche, die zu einer weltweiten Abkühlung in den Folgejahren führten.

Vulkane, Klima, und der Mensch ... *Thomas Ranft*

Die jetzt folgenden Zeilen hätten wir eigentlich auch in das Kapitel »Unwetter« einbetten können, aber wie so häufig können dramatische Ereignisse in der Natur auch erhebliche Auswirkungen auf den einzelnen Menschen und die Menschheit insgesamt haben.

Nehmen wir nur das Leben in der römischen Stadt Pompeji. Im Jahr 79 n. Chr. lebten in Pompeji etwa 10 000 Menschen.

Bis der Vesuv ausbrach und die Region verwüstete. Zunächst regnete es Bimssteine, dann kamen die Lavamassen, die Pompeji und andere Städte in der Region unter sich begruben. 1500 Jahre lang lag Pompeji unter einer 25 Meter dicken Schicht aus Lava und Asche – heute ist die Stadt ein archäologisches Juwel. Plinius der Ältere und Plinius der Jüngere dokumentierten den Vesuv-Ausbruch so exakt wie möglich, sodass wir auch heute noch ein ziemlich genaues Bild davon haben, wie sich die Katastrophe abgespielt haben muss, die das Leben von Menschen in einer bis dato enorm fruchtbaren Region Mittelitaliens abrupt beendete.

Es gab aber Vulkanausbrüche, die viel weitreichendere Folgen hatten, auch in der Neuzeit.

Es ist gerade einmal rund 200 Jahre her, dass im Frühjahr 1815 der Tambora auf der indonesischen Insel Sumbawa explodierte. Mit einem Knall, den man noch in über 1000 km Entfernung hören konnte. Zum Vergleich: Ein Gewitter hört man nur etwa 20 km weit! Vor dem Ausbruch war der Tambora 4300 m hoch, seit dem Ausbruch hat er nur noch eine Höhe von 2850 m. Fast 1,5 km Höhe, weggesprengt in die Atmosphäre, mit enormen Auswirkungen auf das Weltklima ...

Klimawirksame Vulkanausbrüche *Tim Staeger*

Können Vulkane das Klima beeinflussen? Ob durch solch starke Vulkanausbrüche das globale Klima beeinflusst werden kann, hängt entscheidend von der Menge des Auswurfs und der Höhe der Aschewolke ab. Bleibt die Vulkanasche innerhalb der Troposphäre, also unterhalb etwa 10 km Höhe, so sinkt diese durch ihr Eigengewicht recht schnell wieder ab oder wird durch Regen innerhalb weniger Tage bis Wochen ausge-

waschen. Falls ein Teil des Auswurfs jedoch die Tropopause, also die Grenze zwischen Troposphäre und Stratosphäre durchstößt, steigt dessen atmosphärische Verweilzeit um ein Vielfaches an. Denn innerhalb der Stratosphäre gibt es nur sehr wenig Austausch in der Senkrechten, wodurch Luftmassen, die dorthin gelangen, meist mehrere Jahre dort oben verweilen können. Durch die Absorption der UV-Strahlung in der Ozonschicht in gut 20 km Höhe wird die Luft dort erwärmt. Dadurch sinkt sie nicht so leicht ab und die Schichtung ist entsprechend stabil.

Der schwefelhaltige Auswurf starker Vulkanausbrüche verteilt sich in der Stratosphäre nach einigen Monaten weltweit oder zumindest auf der jeweiligen Hemisphäre. Durch chemische Umwandlungen entsteht das sogenannte Sulfataerosol, welches das einfallende Sonnenlicht teilweise absorbiert, wodurch am Erdboden etwas weniger Strahlungsenergie ankommt.

Nach besonders starken Vulkanausbrüchen kann daher die mittlere Temperatur weltweit durchaus für ein bis drei Jahre messbar absinken. Im Jahr 1991 brach auf den Philippinen der Pinatubo aus und schleuderte eine riesige Aschewolke bis in 35 km Höhe, wodurch die Mitteltemperatur in den folgenden zwei Jahren in manchen Regionen um bis zu 2 Grad absank.

Vor etwa 74 000 Jahren brach der Supervulkan Toba auf Sumatra (Indonesien) aus. In der Folge wurde der indische Subkontinent mit einer 15 cm dicken Ascheschicht überzogen. Die globale Mitteltemperatur sank in den Folgejahren markant um mehrere Grad ab. Nach einer kritisch diskutierten Katastrophen-Theorie wurde infolge der Abkühlung die menschliche Population auf wenige tausend Individuen reduziert, wodurch die genetische Ähnlichkeit der heutigen Weltbevölkerung herrühren könnte. Der mit Abstand größte Vulkanausbruch in historischer Zeit fand 1815 auf der indonesischen Insel Sumbawa statt und war einer der fünf stärksten seit dem Ende der letz-

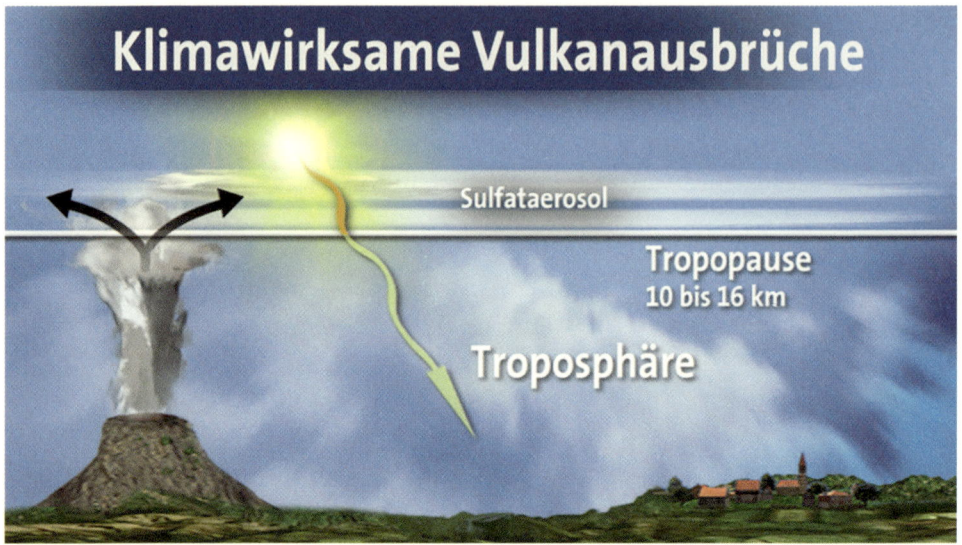

ten Eiszeit vor gut 10 000 Jahren. Als dort im April der Tambora ausbrach, war dies sogar noch im 2000 km entfernten Sumatra zu hören. Das in die Stratosphäre gelangte Sulfataerosol führte in Nordamerika und Europa im Folgejahr zu einer solch markanten Abkühlung, dass 1816 als das Jahr ohne Sommer in die Geschichtsbücher einging. Durch Missernten wurden damals Hungersnöte und Auswanderungswellen ausgelöst. Davon weiß Thomas gleich noch einiges Interessantes mehr zu berichten.

Jahr ohne Sommer – ein Vulkanausbruch und seine Folgen _Thomas Ranft_

Es gibt wenige Jahre, die eine besondere Bezeichnung bekommen: 1989, das Jahr des Mauerfalls, oder 2000, das Milleniumsjahr. 1816 ist auch so eines. Man nennt es das »Jahr ohne Sommer«, in den USA heißt es »Eighteen Hundred and Froze to Death«, in Deutschland nannte man es das Elendsjahr »Achtzehnhundertunderfroren«.

Die weltweite Abkühlung der Atmosphäre durch den Ausbruch des Tambora bescherte Mitteleuropa und auch erheblichen Teilen Nordamerikas Nachtfröste in jedem Monat des Jahres. Im Juli und August fiel im Nordosten der USA und Kanadas Schnee, teilweise bis zu 30 cm. Schneefall gab es auch in der Schweiz, sogar im Juli bis ins Flachland, dazu kamen schwere Unwetter in ganz Mittel- und Westeuropa, anhaltende Regenfälle und Überschwemmungen. Dass alles führte zu katastrophalen Missernten, die ab 1817 in dramatischen Hungersnöten mündeten.

Weil nichts geerntet werden konnte, aß man das Saatgut, woraufhin man nichts mehr zum Aussäen hatte. Weil es kein Futter für die Tiere gab, mussten sie geschlachtet werden.

Die Hungersnot trieb viele Europäer als Auswanderer nach Amerika. Das alles waren dramatische Auswirkungen des Wetters auf das Leben der Menschen. Aber es gibt nicht zu Unrecht den Spruch »Not macht erfinderisch«: Viele Entwicklungen, von denen wir heute noch profitieren, haben ihren Ursprung in der damaligen Notsituation.

Weil auch die Pferde geschlachtet wurden, sannen findige Köpfe über eine neue Art

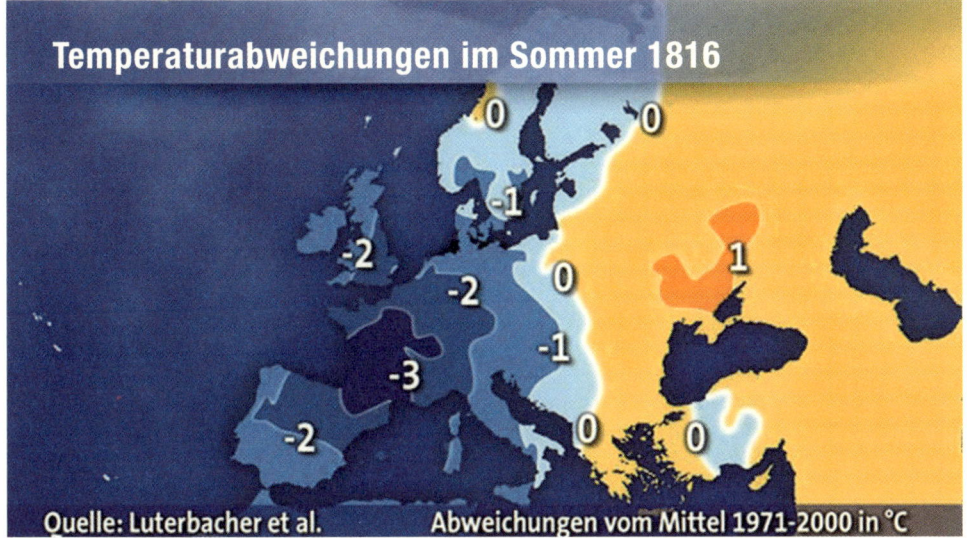

Temperaturabweichungen im Sommer 1816

Quelle: Luterbacher et al.   Abweichungen vom Mittel 1971-2000 in °C

der Fortbewegung nach, was schließlich zur Erfindung der Draisine, dem Vorläufer des heutigen Fahrrads, führte.

Im stark betroffenen Württemberg gründete König Wilhelm I. den Landwirtschaftlichen Verein, aus dem sich der Cannstatter Wasen entwickelte. Karitative Organisationen wurden aus der Taufe gehoben, aus der Katastrophenhilfe entstand die Württembergische Sparkasse. Um die Landwirtschaft wissenschaftlich mit besseren Anbaumethoden zu unterstützen, wurde der Vorläufer der Universität Hohenheim gegründet. In Bayern nahmen die Pilgerfahrten nach Altötting ihren Anfang.

Es gab aber auch andere Auswirkungen des Tambora-Ausbruchs, die wir heute noch sehen und lesen können. Durch die Trübung der Atmosphäre erlebte man in dieser Zeit weltweit grandiose Sonnenuntergänge mit einer einzigartigen Himmelsfärbung, die wir zum Beispiel in den Bildern von William Turner oder den Landschaftsgemälden von Carl Spitzweg verewigt finden.

Und noch eine schöne, gruselige Geschichte: Die britische Schriftstellerin Mary Shelley verbrachte den Sommer 1816 in der Nähe des Genfer Sees. Das andauernd schlechte graue, nasse und triste Wetter brachte sie dazu, Gruselgeschichten zu schreiben – es entstand ein besonderes Werk der Weltliteratur: »Frankenstein«.

Das Bezeichnende an der Geschichte: Während all dieser Zeit waren die Menschen völlig ahnungslos, was der Grund für diese dramatischen Wetter-Entwicklungen war. Erst gut 100 Jahre später, 1920, entdeckte der Klimaforscher William Jackson Humphreys den Zusammenhang zwischen dem Vulkanausbruch und dem daraus resultierenden Wetterchaos.

Wenn Wetter den Lauf der Geschichte verändert *Thomas Ranft*

Das Wetter beeinflusst immer wieder auch den Lauf der Geschichte, die – wir müssen es leider feststellen – häufig kriegerisch ist. Es ist ein schwieriges Thema, denn auch während ich diese Zeilen schreibe und Sie dieselbigen lesen, sterben Menschen in zahllosen Konflikten. Alleine das Wort »Konflikt« ist für die Betroffenen eine erschreckende

Untertreibung. Auf der anderen Seite sind Menschen auch schon immer fasziniert von kriegerischen Handlungen, von Erzählungen aus der Antike genauso wie im aktuellen Milliardenbusiness der Videospiele, wo Millionen Menschen weltweit am Rechner sitzen und in detailgetreuer Kulisse versuchen, Gegner zu vernichten. Ob es jemals Weltfrieden geben wird? Vermutlich nicht, denn irgendwie steckt im Menschen auch die Bereitschaft zum Streit. Tatsächlich aber war in so mancher Schlacht das Wetter das Zünglein an der Waage, z. B. wenn eiskalte Winter die Armeen Napoleons vor Moskau stoppten, genauso wie den deutschen Vormarsch im Zweiten Weltkrieg. Als die Mongolen im 13. Jahrhundert mit über 4000 Schiffen Japan erobern wollten, ging ihre Flotte vermutlich in erster Linie durch Taifune unter, von den Japanern »Kamikaze« bzw. »Göttliche Winde« genannt. Im Pazifikkrieg verzeichnete die US-amerikanische Flotte gleich mehrfach hohe Verluste durch Taifune. Im Juni 1945 traf der Taifun »Haiyan« die Task Force 38.1, zahlreiche Schiffe wurden beschädigt oder zerstört. Möglicherweise war auch das ein Grund dafür, dass sich das amerikanische Oberkommando letztendlich für den Einsatz der ersten Atombombe entschied.

Tim hat noch ein weiteres Ereignis für uns, bei dem das Wetter möglicherweise den Lauf der Geschichte veränderte.

Foto: //madewith.unsplash.com

Varus, Varus, gib mir meine Legionen zurück! *Tim Staeger*

Welche Rolle spielte das Wetter bei der Varusschlacht?

Im Spätsommer des Jahres 9 n. Chr. vernichtete ein Zusammenschluss germanischer Stämme unter der Führung des Cheruskerfürsten Arminius drei römische Legionen, etwa 25 000 Menschen, in einem Hinterhalt. Der Römische Senator Publius Quinctilius Varus schlug alle Warnungen in den Wind und führte sein Heer in den Untergang. Möglicherweise wurden die Germanen von einem Gewitter unterstützt. Über den Schauplatz der dramatischen Ereignisse wird nach wie vor gestritten. Wahrscheinlich trafen die Heere in einem Gebiet aufeinander, welches irgendwo zwischen Detmold, Minden und Osnabrück liegt. Neuere Ausgrabungen in Bramsche-Kalkriese bei Osnabrück haben diesen Ort zum derzeitigen Favoriten gemacht. Das genaue Datum ist leider auch nicht überliefert, bei den römischen Geschichtsschreibern ist jedoch von September, an anderer Stelle vom Spätsommer die Rede.

Gut überliefert ist die Vorgeschichte: Arminius plante den Hinterhalt von langer Hand und einte die sonst so streitsüchtigen germanischen Stämme, um die Römer langfristig aus dem rechtsrheinischen Territorium zu vertreiben. Varus war mit seinen Legionen auf dem Weg ins Winterquartier westlich des Rheins, als er von einem Aufstand in einem den Römern unbekannten Territorium hörte – eine Finte Arminius' um die römischen Besatzer in unzugängliches und dicht bewaldetes Gelände zu locken, wo diese ihre gefürchteten Schlachtordnungen nicht einnehmen konnten.

Der Plan ging auf, wohl auch, weil Varus seinen Gegner sträflich unterschätzte und sogar Warnungen eines Rivalen Arminius'

ignorierte. Das riesige Heer musste sich als schmale, vielleicht 20 km lange Kolonne durch dichte Wälder quälen, um zu den angeblichen Aufständischen zu gelangen. Die Germanen griffen in dem ihnen vertrauten Gelände die Flanken der Römer an und teilten den Zug in mehrere Abschnitte auf, die sich nicht mehr gegenseitig zu Hilfe kommen konnten.

Die Schriften des römischen Geschichtsschreibers Cassius Dio berichten zudem von Regen und Sturm, der die Römer weiter zerstreute. Schlüpfriger Boden erschwerte das Vorankommen und abgebrochene Baumkronen verwirrten die Soldaten. Das deutet auf ein schweres Gewitter hin, welches den Angreifern zugute kam, zudem sie Blitz und Donner als gutes Omen ihres Gewittergottes Thor, dem Donnerer, interpretiert haben könnten. Die Legionäre wiederum sahen in dem Unwetter möglicherweise den Zorn Jupiters, des römischen Göttervaters, der nach ihrer Vorstellung durch Donnerschläge seinen Willen kundtat.

Wie es sich auch immer abgespielt haben mag – leider war kein Chronist selbst bei dem Untergang der römischen Legionen vor Ort –, der Ausgang dieser gigantischen Schlacht war ausschlaggebend für die weiteren Expansionspläne des Römischen Reiches, welches sich nie mehr das Gebiet zwischen Rhein und Elbe einverleiben konnte, wie ursprünglich geplant. Und vielleicht war ja das Wetter bei dieser historischen Weichenstellung das Zünglein an der Waage.

Foto: //madewith.unsplash.com

WETTER ÜBERS JAHR

Von Murmeltieren und Langfristvorhersagen ...

Thomas Ranft

Wetter übers Jahr, so heißt dieses Kapitel, und natürlich können Sie da zu Recht die ein oder andere Bauernregel erwarten. Wie wäre es damit: »Der Traktor seinen Bauern foppt, wenn er zu spät vor'm Dorfteich stoppt!« Oh, hat ja gar keine Wetteraussage. Zumindest keine bessere als die vom krähenden Hahn auf dem Mist. Sind Bauernregeln Quatsch oder ergeben sie Sinn? Steigen wir mit einer Geschichte ein, die der ein oder andere vielleicht aus dem Kino oder Fernsehen kennt. *Und täglich grüßt das Murmeltier*, ein Hollywood-Klassiker mit Bill Murray als griesgrämigem Wetterfrosch, der so lange in einer Zeitschleife gefangen ist, bis er sich zum besseren Menschen wandelt und das Herz von Andie MacDowell erobert. Der Film spielt im verschlafenen Örtchen Punxsutawney im US-Bundesstaat Pennsylvania. Wenn Sie denken, das sei frei erfunden, liegen Sie übrigens falsch. Ich war selbst schon einmal dort, an einem 2. Februar, auf Gobbler's Knob, als 30 000 Menschen die Nacht durchfeierten und darauf warteten, ob denn das Murmeltier Phil »seinen Schatten sieht«, wenn es bei Sonnenaufgang von schwarzgewandeten Einheimischen aus seiner Höhle geholt wird. Fernsehsender übertragen das Ereignis landesweit, und schon bei der Einreise in die USA wünschten mir die Zöllner viel Spaß, als sie den Grund meiner Reise erfuhren. Nationales Ereignis, Langzeit-Vorhersage – noch dazu eine, die ursprünglich aus Deutschland stammt. Tim verrät uns, was dahinter steckt ...

Groundhog Day *Tim Staeger*

Hat das Murmeltier Phil seinen Schatten gesehen?

Am 2. Februar wird in den USA der Groundhog Day, also der Murmeltier-Tag, gefeiert. An diesem Lostag entscheidet das Verhalten ausgewählter Nagetiere über den weiteren Verlauf des Winters. Auch in Punxsutawney, Pennsylvania, dem Mekka der Murmeltier-Anhänger, wird am Groundhog Day morgens um 7:30 Uhr am Gobbler's Knob alljährlich in einer feierlichen Zeremonie das wohl berühmteste Murmeltier, bzw. eine seiner Inkarnationen, namentlich Punxsutawney-Phil, aus seinem Bau gelockt – und das bereits seit 1887. Sieht es seinen Schatten, scheint also die Sonne, so bleibt es noch sechs Wochen Winter, so die Regel.

Der Brauch geht ursprünglich auf die Lichtmess am 2. Februar zurück, die in der katholischen Kirche früher das Ende der Weihnachtszeit markierte. Auch hierzulande gibt es Bauernregeln, die dem Wetter an diesem Lostag eine entscheidende Bedeutung für die Entwicklung der kommenden Wochen beimisst: »Ist's an Lichtmess rein und hell, kommt der Frühling nicht so

Murmeltier Phil

schnell«. Herrscht also kaltes und klares Hochdruckwetter Anfang Februar, so sollte sich diese Wetterlage noch längere Zeit halten.

Da jedoch in den Wochen nach Lichtmess die Tageslänge markant zunimmt, ist auch beim Wetter mit grundlegenden Umwälzungen zu rechnen. Ob sich eine Wetterlage in dieser Übergangszeit tatsächlich längerfristig etablieren kann, darf angezweifelt werden. So ist es wenig verwunderlich, dass Phils Trefferquote nur bei etwa 40 Prozent liegt.

Zudem scheint es fragwürdig, ob eine solche Regel einfach so von Europa auf Nordamerika übertragbar ist. Dort herrschen aufgrund der Nord-Süd-Ausrichtung der Rocky-Mountains besondere Rahmenbedingungen für heftige Wetterentwicklungen wie Blizzards oder auch Tornados, da sehr unterschiedlich temperierte Luftmassen aufeinandertreffen können. In Europa wirken dagegen die von Ost nach West ausgerichteten Alpen eher wie eine natürliche Barriere, die solch heftige Entwicklungen zum Glück erschwert.

Im kanadischen Winnipeg ist das zuständige Murmeltier namens Winnipeg Willow übrigens tragischerweise kurz vor dem Groundhog Day 2016 verstorben. Welchen Einfluss dies auf das Frühlingserwachen in Manitoba hatte, ist nicht überliefert.

Frühling, ja, Du bist's ...
Thomas Ranft

Rücken wir im Jahresverlauf weiter vor: Ins Frühjahr, wenn die Natur wieder erwacht, die Tage länger werden, es allmählich wärmer wird und grüner. Frühjahr in Mitteleuropa, das ist eines der faszinierendsten Naturschauspiele weltweit. Wir, die wir hier leben, sind es ja gewohnt. Trotzdem berührt es uns. Wie viele Lieder und Gedichte gibt es über das Frühjahr, nicht nur Eduard Mörikes »Frühling lässt sein blaues Band/ wieder flattern durch die Lüfte,/ süße, wohlbekannte Düfte/ streifen ahnungsvoll das Land ...«. Wie besonders das tatsächlich ist, hat mir mal ein Vogelkundler verraten. Ich hatte ihn gefragt, warum Zugvögel denn im Herbst so weit in den Süden fliegen, um jedes Frühjahr dann doch wieder zurückzukommen. Schließlich gibt es ja bestimmt auch in Afrika Gegenden, wo es die Tiere das ganze Jahr über aushalten könnten.

Der Experte sagte: »Sie müssen verstehen, die Vögel ziehen eigentlich nicht *weg*, sondern *her*!« Das Frühjahr bei uns ist so vital, so faszinierend, dass das der große Antrieb ist, hier zu sein. Und nur, weil die Winter bei uns, zumindest meistens, zu unwirtlich sind, ziehen die Tiere weg. Das Frühjahr als großer Antrieb, ist das nicht schön?

Nun ist der Frühling bei uns aber beileibe nicht makellos. Denken wir an den April. Schon Bauern wussten: »Wenn der April Spektakel macht, gibt's Heu und Korn in voller Pracht.« Oder: »Aprilwetter und Kartenglück wechseln jeden Augenblick.« Warum das so ist, verrät uns Tim ...

Warum ist das Wetter im April häufig so wechselhaft? *Tim Staeger*

Typisches Schauerwetter ist durch die rasche Abfolge kurzer, aber intensiver Niederschlagsereignisse charakterisiert, die von sonnigen Abschnitten unterbrochen sind. Der Niederschlag wird hierbei ausgelöst, weil Luftmassen nach oben aufsteigen, abkühlen, der Wasserdampf kondensiert und schließlich als Regen, Graupel oder Schnee wieder den Erdboden erreicht. Prozesse, bei denen sich Luft vor allem in der Senkrechten verlagert, werden als konvektiv bezeichnet, im Gegensatz zu waagerechten Strömungen, die beispielsweise großflächigen Landregen auslösen.

Eigentlich möchte die Luft sich gar nicht bewegen, schon gar nicht nach oben. Doch steigt die Sonne im Tagesverlauf hoch genug am Himmel auf und hat dadurch genug Kraft, um die bodennahen Luftschichten hinreichend zu erwärmen, fangen am Nachmittag Warmluftblasen an, von tieferen Schichten aus aufzusteigen. Dabei kühlen sich diese wieder ab, da der Umgebungsdruck nach oben hin abnimmt – es drückt eben weniger von oben – und sich die Luft somit ausdehnen kann. Dadurch wird die Luft schwerer und sinkt wieder ab. Wenn nun jedoch die Luft in höheren Schichten sehr kalt ist, bleibt die aufsteigende Warmluftblase trotz eigener Abkühlung noch wärmer als die Umgebung, in die sie hinaufsteigt. Dadurch erfährt sie weiteren Auftrieb und wir haben die Konvektion, welche die kräftigen Schauer auslöst.

Diesen Zustand bezeichnet man in der Meteorologie als labil geschichtete Atmosphäre.

Im April sind häufig beide Zutaten für Schauer gegeben: die Sonne steht mittags bereits über 45 Grad hoch am Himmel und kann die bodennahen Luftschichten zum Nachmittag hin kräftig erwärmen. Zudem kann noch sehr kalte Luft aus polaren Breiten nach Deutschland gelangen, wodurch die Schichtung der Atmosphäre labil wird. In der Folge entwickeln sich nach freundlichem Beginn typischerweise nachmittags vermehrt Regen-, Graupel- und im Bergland auch Schneeschauer; sogar einzelne Gewitter sind möglich.

Wenn die Tage länger werden ... *Thomas Ranft*

Ja, das ist das Hoffnungsvolle am Frühling, von Tag zu Tag ist es weniger lang dunkel. Um den Frühlingsbeginn gewinnen wir rund fünf Minuten Tageslänge von Tag zu Tag. Im Laufe des Frühlings werden die Unterschiede von Tag zu Tag dann immer geringer, und rund um den Sommeranfang in der zweiten Junihälfte ist jeder Tag fast gleich lang. Zum Winteranfang ist dann jeder Tag in etwa gleich kurz.

Nun ist die Veränderung der Tageslänge zum Frühlings- und zum Herbstanfang am größten, aber das ist nicht die einzige Besonderheit. Nur an diesen beiden Tagen sind die Nacht und der Tag jeweils 12 Stunden lang, und zwar überall auf der Welt, egal ob in Strümpfelbach, New York, Rio de Janeiro oder Melbourne. Den Rest des Jahres unterscheidet sich die Tageslänge je nach Breitengrad. Alles klar? Nun, um es einfach zu erklären: Im Sommerhalbjahr sind die Tage umso länger, je weiter nördlich man ist, im Winterhalbjahr sind die Tage umso länger, je weiter südlich man sich auf der Erde befindet. Ein Beispiel? Nehmen wir doch den 21. Juni. Ein toller Tag, die Sonne lacht (hoffentlich), allerdings in Hamburg maximal gut 17 Stunden, in Frankfurt am Main knapp 16 ½ Stunden und in München nur gut 16 Stunden. Auf Mallorca übrigens kann am gleichen Tag die Sonne nur knapp 15 Stunden lang scheinen, hier ist die Sommernacht nochmals länger.

Und wenn die Sonne kräftig scheint, wann ist es dann eigentlich am wärmsten? Etwa zur Mittagszeit?

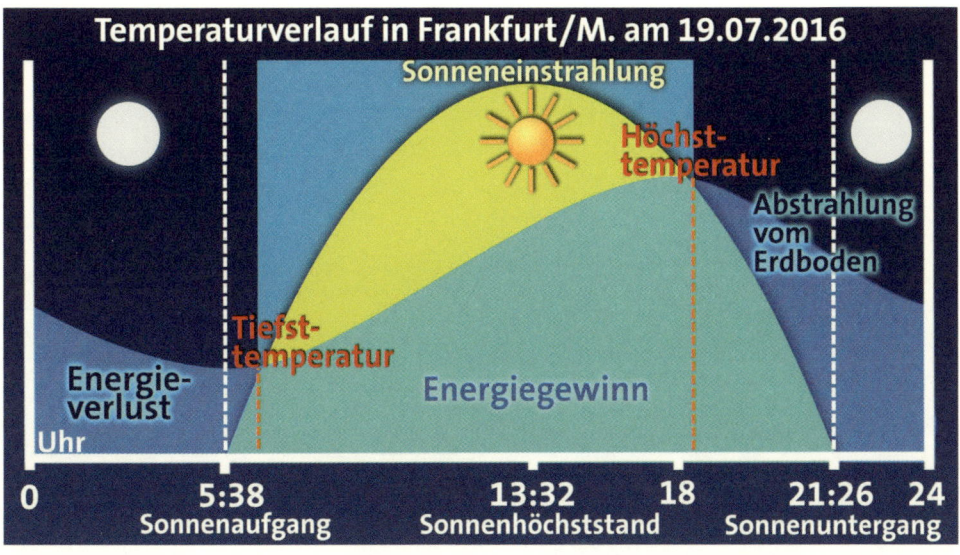

Herbststimmung in Mittelhessen, © Thomas Ranft

Strahlungstag *Tim Staeger*

Warum wird die Höchsttemperatur bei sonnigem Wetter erst nachmittags erreicht?

Die Energie, die an einem wolkenlosen Tag von der Sonne den Erdboden erreicht, hängt vom Sonnenstand ab, welcher zur wahren Mittagszeit am höchsten ist. Dann ist der Weg der Sonnenstrahlen durch die Atmosphäre am kürzesten und somit die Lichtschwächung am geringsten. Zudem verteilt sich in den Morgen- und Abendstunden das einfallende Sonnenlicht auf eine deutlich größere Fläche als am Mittag. Zur Veranschaulichung der Temperaturentwicklung an einem nahezu wolkenlosen Strahlungstag kann man sich eine Badewanne vorstellen, deren Wasserstand die aktuelle Temperatur repräsentiert. Mit dem Sonnenaufgang wird der Wasserhahn ein klein wenig aufgedreht und es beginnt zunächst Wasser in die Wanne zu tröpfeln. Nun wird der Wasserhahn langsam immer mehr geöffnet, bis er zur wahren Mittagszeit ganz offen ist. Danach beginnt man ihn langsam wieder zu schließen und nach Sonnenuntergang läuft auch kein weiteres Wasser mehr in die Badewanne ein.

Ohne Abfluss würde der Wasserstand, also die Temperatur, immer weiter ansteigen, die Wanne also irgendwann überlaufen. Doch zum Glück strahlt der Erdboden auch Energie nach oben ab. Die abgegebene Energiemenge steigt mit zunehmender Temperatur ebenfalls an. Dies entspricht einem Badewannenabfluss, der sich mit steigendem Wasserstand immer weiter öffnet.

Kurz vor Sonnenaufgang ist der Wasserstand niedrig, es läuft also auch wenig Wasser ab. Mit der aufgehenden Sonne wird der Wasserhahn aufgedreht. Anfangs tröpfelt es nur, aber schon wenige Minuten später hält das einfließende Wasser dem abfließenden genau die Waage und es wird die Tiefsttemperatur erreicht. Danach beginnt der Wasserstand, also die Temperatur, zu steigen, da mehr Wasser ein- als ausläuft.

Mit steigendem Wasserstand fließt zwar auch immer mehr ab, jedoch ist der Zufluss über die Mittagsstunden größer als der Abfluss und der Wasserstand steigt, wie die Temperatur, auch noch nachmittags weiter an.

So etwa zwischen 15:00 Uhr und 17:00 Uhr ist im Sommer dann der Punkt erreicht, an dem sich Zu- und Abfluss erneut die Waage halten. Nun ist der Wasserstand am höchsten und es wird die Tageshöchsttemperatur erreicht. Von da an überwiegt der Abfluss, die Temperatur sinkt wieder, bis sich am nächsten Morgen das Spiel von Neuem wiederholt, vorausgesetzt das sonnige Wetter hält weiter an.

Wie wird der Sommer?
Thomas Ranft

Kann man bei uns in Deutschland die Witterung für ein paar Wochen vorhersagen? Normalerweise nicht. Nun gibt es aber tatsächlich einige Besonder- bzw. Eigenheiten der Atmosphäre, die bei bestimmten Abläufen ein Indiz darauf geben, wie das Wetter sich für einen längeren Zeitraum entwickelt. Klingt schwierig? Nun, ist es auch. Deswegen können Meteorologen ja auf fast jede Frage antworten mit: »Das kann man so nicht sagen!« Tatsächlich aber zeigen sich auch bei uns manchmal Muster im Wetterablauf, wie Häufungen von Kalt- oder Warmphasen. Man nennt so etwas Singularitäten, und solche Singularitäten sind zum Beispiel Mitte Mai die Eisheiligen: Mamertus, Pankratius, Servatius, Bonifatius und die (kalte) Sophie. Wobei sie im Süden Deutschlands häufiger eintreffen als im Norden und dabei insgesamt in den vergangenen Jahren seltener geworden sind. Eine andere Singularität ist das Weihnachtstauwetter. Verrückt, und das nicht nur in unserer Einbildung: Über die Weihnachtsfeiertage erleben wir häufig einen Warmlufteinbruch, gerade in der Zeit des

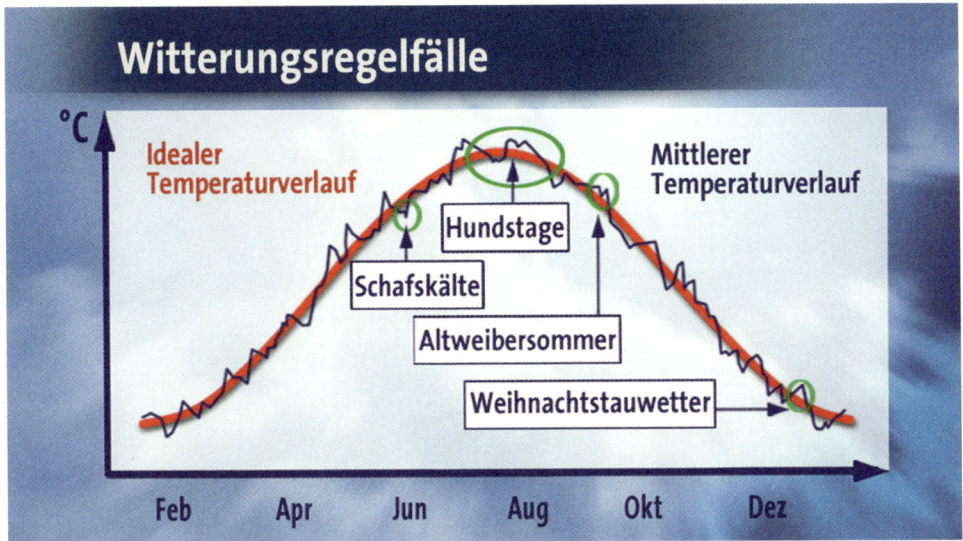

Jahres, in der wir es am liebsten kalt und verschneit hätten. Gut, jetzt wollen wir aber nicht über Schnee reden, sondern fragen uns: Wie wird der Sommer? Und möglicherweise gibt es dazu immer Ende Juni eine gute Antwort ...

Siebenschläfer *Tim Staeger*

»Das Wetter am Siebenschläfertag sieben Wochen bleiben mag« – was steckt hinter dieser Regel? Dürfen die Meteorologen nun sieben Wochen Urlaub machen oder ist da, wie bei manch anderen Bauernregeln, auch nichts dran?

Weder noch, aber erst mal schön der Reihe nach. Der Name geht nicht auf das putzige Nagetier zurück, welches so lange Winterschlaf hält. Vielmehr wird am 27. Juni sieben frühchristlichen Gefährten gedacht, die sich der Legende nach vor römischen Verfolgern in eine Höhle flüchteten und dort eingemauert mehrere Jahrhunderte lang geschlafen haben sollen.

Das Alter der Legende gibt einen wichtigen Hinweis auf die Interpretation der Wetterregel. Denn zwischen 1582 und etwa 1750 wurde in Deutschland die gregorianische Kalenderreform durchgeführt, in deren Folge 10 Tage übersprungen und somit aus dem 27. Juni der 7. Juli wurde. Die Regel sollte also zumindest nicht streng auf den 27. Juni bezogen werden, aber eben auch nicht auf den 7. Juli, zumal die Verschiebung des vorangegangenen julianischen Kalenders auch schleichend vonstattenging.

Vielmehr ist die Wetterentwicklung im gesamten Zeitraum zwischen Ende Juni und Anfang Juli von Bedeutung. Aus Beobachtungen der vergangenen Jahrzehnte geht hervor, dass sich häufig um diese Zeit eine Wetterlage etabliert, die dann auch in den darauffolgenden Wochen das Wetter in Mitteleuropa bestimmt. Entscheidend ist hierbei die Zugbahn der Tiefdruckgebiete. Verläuft sie weiter im Norden über Skandinavien, können wir hierzulande vermehrt beständiges und sonniges Hochdruckwetter genießen. Schaffen es die Tiefs jedoch weiter nach Süden, steht uns ein eher durchwachsener Sommer bevor.

Die Zugbahn der Tiefdruckgebiete wird vom sogenannten Jetstream gesteuert, einem Starkwindband, das sich in etwa 10 km Höhe rund um die Erde schlängelt (s. S. 16 ff.).

Dessen Ausrichtung entscheidet über die großräumige Verteilung von Hoch- und Tiefdruckgebieten. Über die Sommermonate hinweg verändert sich nun einerseits die Tageslänge nur wenig, andererseits steigt auch die Meeresoberflächentemperatur nicht mehr sehr stark an. Dies sind zwei wichtige Rahmenbedingungen, welche unter anderem für die Ausrichtung des auch als Polarfront bezeichneten Jetstreams verantwortlich zeichnen.

Meteorologisch korrekter lautet die Siebenschläfer-Regel also: Zwischen Ende Juni und Anfang Juli stellt sich etwa in zwei von drei Jahren in Mitteleuropa eine Großwetterlage ein, welche über den Sommer hinweg eine gewisse Erhaltungsneigung aufweist und somit in den darauffolgenden Wochen bis etwa Mitte August die Witterung in Mitteleuropa bestimmt. Dieses Muster ist jedoch in Norddeutschland nur schwach ausgeprägt, im Alpenvorland trifft die Regel dafür in etwa 80 Prozent der Jahre zu.

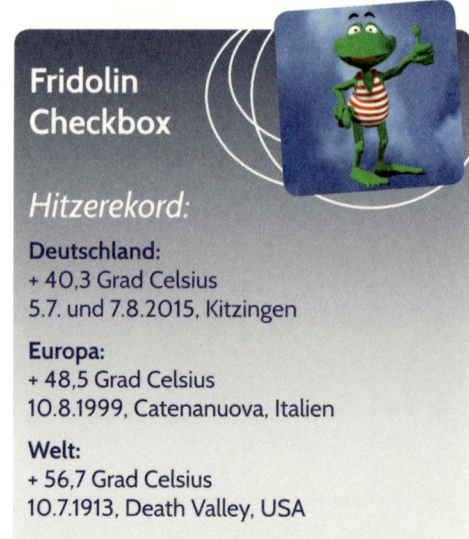

Fridolin Checkbox

Hitzerekord:

Deutschland:
+ 40,3 Grad Celsius
5.7. und 7.8.2015, Kitzingen

Europa:
+ 48,5 Grad Celsius
10.8.1999, Catenanuova, Italien

Welt:
+ 56,7 Grad Celsius
10.7.1913, Death Valley, USA

Es ist Sommer ...
Thomas Ranft

Was bedeutet eigentlich Sommer für Sie? Sommer ist doch ein Gefühl, ist Licht, ist Leben im Freien, ohne zu frieren, Sommer ist gesellig. Die Wahrnehmung ändert sich sicher auch mit dem Alter. Als Schüler verbindet man mit dem Sommer hitzefrei und endlos lange Sommerferien im Freibad, als Jugendlicher vielleicht die Grillpartys am Baggersee, später die Open-Air-Konzerte und Festivals. Für Erwachsene ist Sommer vielleicht das Sitzen auf der Terrasse oder im Garten, natürlich die Reise in den Sommerurlaub. Fällt Ihnen etwas auf? All das sind Freizeitbeschäftigungen. Für Landwirte bedeutet Sommer sicher etwas anderes. Für Dachdecker übrigens auch. Ich habe einmal eine Dachdeckerfamilie im Urlaub in Ägypten kennengelernt, natürlich im Dezember, denn wie sagte der Papa: »Ich kann mit der Familie nur im Winter in Urlaub gehen, im Sommer muss ich durcharbeiten.« Nun gibt es ja auch verschiedene Phasen des Sommers: zunächst wenn er startet und alles noch frisch und grün ist, dann die Phase der großen Hitze, meist Ende Juli bis Ende August, die sogenannten Hundstage. Die heißen aber nicht so, weil unsere tierischen Gefährten in dieser Zeit so schwitzen, sondern weil die Römer diese Phase nach dem Sternbild des Großen Hundes benannt haben. Große Hitze bedeutet in Deutschland, dass wir nachmittags Werte über 30 Grad messen, und das passiert im Schnitt pro Jahr etwa zwischen 5 und 20 Mal, je nachdem, ob man in Erfurt oder in Karlsruhe wohnt (dort ist es nämlich wärmer als in den meisten anderen Regionen der Republik). Der deutschlandweite Hitzerekord liegt bei 40,3 Grad und wurde in Kitzingen in 2015 am 5. Juli und am 7. August gleich zweimal kurz hintereinander aufgestellt. Eine derartige Hitze ist natürlich enorm belastend für den Organismus, man sucht automatisch Schatten und Kühle, und es gibt ja viele Menschen, denen es bereits bei über 25 Grad zu warm ist. Für all diejenigen ist das folgende Ereignis sicher wunderbar ...

Der Altweibersommer

Tim Staeger

Wieso gibt es einen Sommer für alte Weiber?

In vier von fünf Jahren stellt sich etwa ab dem 20. September eine ruhige und milde Wetterlage ein. Nachts kühlt es dann in den klaren Nächten schon empfindlich ab, sodass sich morgens oft Tau auf den Wiesen und an den Spinnweben befindet, die dann an die Haarnetze älterer Damen erinnern. Dieser Assoziation entspringt möglicherweise die Bezeichnung »Altweibersommer« für diesen sogenannten Witterungsregelfall. Einer anderen Version zu Folge leitet sich das Wort »weben« von dem Althochdeutschen »weiben« ab und bezieht sich somit ebenfalls auf die jetzt im Morgentau auffällig funkelnden Spinnweben.

Der Altweibersommer ist eine sogenannte Singularität oder auch ein Witterungsregelfall. Im Jahresverlauf gibt es verschiedene solcher Singularitäten, die mehr oder weniger häufig auftreten. Die Eisheiligen Mitte Mai beispielsweise wurden in den letzten etwa 30 Jahren nicht mehr so regelmäßig beobachtet, wie in den Jahrzehnten davor. Neben dem Altweibersommer sind die Schafskälte Mitte Juni und das Weihnachtstauwetter die ausgeprägtesten Witterungsregelfälle.

Die Ursachen für dieses regelhafte Verhalten sind nach wie vor unklar. Vermutlich steuert der Jahresgang der Sonneneinstrahlung atmosphärische Schwingungsvorgänge in höheren Schichten der Atmosphäre, die dann die für die jeweiligen Termine typischen Großwetterlagen auslösen. Jedoch deutet sich in den vergangenen Jahrzehnten insgesamt ein Rückgang dieser Regelhaftigkeit an. Vermutlich verändert sich das atmosphärische Strömungsverhalten im europäischen Raum, wodurch bisherige Regelfälle seltener auftreten.

Da müssen Sie hin!

Thomas Ranft

Es gibt ja Orte auf dieser Welt, an denen man durchaus schon mal gewesen sein sollte. Also vorausgesetzt, man kann sich das ganze Herumreisen leisten. Dann ist ein Frühling in Paris, der Metropole der Liebe, bestimmt eine tolle Sache. Im Sommer ab nach Griechenland, die weißen Strände sind einzigartig. Im November vielleicht nach Thailand, wenn es bei uns trist und grau ist, und im Winter natürlich auf die Skipisten von Kitzbühl, St. Anton oder Aspen. Aber Achtung, ich habe eine Jahreszeit ausgelassen: den Herbst. Warum? Natürlich, weil Sie im Herbst (wie übrigens in jeder anderen Jahreszeit auch) einfach nur vor die Haustür gehen müssen, um die Schönheit *unserer* Natur zu erleben und zu entdecken, auf welchem wunderbaren Fleckchen Erde wir leben, und dass es woanders kaum schöner sein kann. Das klingt jetzt wie ein Werbespruch der einheimischen Fremdenverkehrsämter, stimmt aber trotzdem. Wenn sich im Herbst die Blätter verfärben und unsere Wälder bunt werden, ist das nicht wunderschön? Es gibt eine Region auf dieser Welt, die genau das für den Tourismus nutzt. Es geht um den »Indian Summer« im Nordosten der USA und in Kanada, wenn im September und Oktober sich die Blätter der Ahornbäume teilweise blutrot färben und man unglaubliche Farbenspiele erleben kann. Woher der Begriff »Indian Summer« stammt, ist nicht eindeutig geklärt. Diese Zeit war auf jeden Fall die Hauptjagdsaison der »Indianer« vor dem Winter und es gibt die Legende der Irokesen, dass jeden Herbst zwei Jäger einen großen Bären jagen und erlegen, der dann mit seinem Blut die Blätter rot färbt. Im Sternbild findet sich das wieder: der Große Bär, die vier trapezförmig angeordneten Sterne des Großen Wagens, dahinter die zwei Jäger und ihr Hund, das sind die drei hintereinanderliegenden Sterne der Deichsel des Großen

Herbstlicher Wald. Foto: Michael Kämmerer, Petersberg

Wagens. Ein schönes Bild, ein schöner Aufhänger für eine Reise in eine tolle Jahreszeit. Wenn Sie wissen wollen, wie es denn in den USA um die Blattverfärbung aktuell steht, zahlreiche US-Wetterportale liefern nicht nur die Wettervorhersage, sondern auch eine Blattverfärbungsvorhersage, engl. »fall foliage«, also wo es derzeit besonders bunt ist. Stellt sich nur die Frage: Warum werden die Blätter tatsächlich so bunt?

Wie beeinflusst das Wetter den Termin und die Art der herbstlichen Blattverfärbung?

Tim Staeger

Goldener Oktober: Nachdem die Herbstsonne am späten Vormittag endlich letzte Frühnebelfelder aufgelöst hat, erstrahlen die Laubbäume in schillerndem Gelb, Orange oder Rot. Doch nicht jedes Jahr vollzieht sich die Blattverfärbung zur gleichen Zeit und auch die Zusammensetzung von Gelb- und Rottönen weisen zum Vorjahr mit-

unter deutliche Unterschiede auf. Hierbei spielt das Wetter eine entscheidende Rolle. Wenn im Herbst die Tage kürzer werden und die Sonnenstrahlen immer flacher einfallen, stellen Laubbäume die Photosynthese ein, die mittels Blattgrün, also dem Chlorophyll, bewerkstelligt wird. Das wertvolle Chlorophyll und die Nährstoffe werden durch Stoffwechselvorgänge abgebaut und aus den Blättern abgezogen. Nach dem Laubfall kann über die große Blattoberfläche auch kein Wasser mehr verdunsten, welches während der Ruhephase nur schwer aus mitunter gefrorenen Böden ersetzt werden könnte.

Neben der Tageslänge steuert vor allem die nächtliche Abkühlung, aber auch die Bodenfeuchte die Blattverfärbung. Mehrere kühle Nächte in Folge beschleunigen den Abbau des Chlorophylls und damit die Verfärbung von Grün nach Gelb oder Rot. In Phänologischen Gärten werden Entwicklungen bestimmter Zeigerpflanzen verglichen, an denen die phänologischen Jahreszeiten festgemacht werden. Beispielsweise bestimmt unter anderem die Verfärbung der Rotbuche den Beginn des Vollherbstes, welcher hierzulande in etwa um den 10. Oktober einsetzt, beginnend in den Höhenlagen der Mittelgebirge. Bis zum Laubfall und damit bis zum Beginn des Spätherbstes vergehen dann noch etwa weitere zwei Wochen.

Dieser Termin schwankt je nach Witterungsverlauf von Jahr zu Jahr um etwa zwei Wochen. In frühen Jahren wie 1992 war es bereits um den 1. Oktober soweit, in späten Jahren wie 2006 erst um den 15. herum.

Aber nicht nur der Termin, sondern auch die Intensität der Rotfärbung ist witterungsabhängig. Zu viel Sonnenschein beeinträchtigt die Wiedergewinnung der Nährstoffe aus den alternden Blättern. Zum Schutz bilden die Bäume sogenannte Anthocyane, Pflanzenfarbstoffe, die eine besonders kräftige Rottönung zur Folge haben. Optimale Bedingungen für eine besonders prachtvolle Blattverfärbung sind ruhige Hochdruckwetterlagen mit viel Sonnenschein und kühlen, aber noch frostfreien Nächten. Denn Frost zerstört die Anthocyan-Produktion und verhindert damit eine weitere Rotfärbung. In der Folge finden sich in den Blättern mehr Carotinoide, die den Blättern eher eine gelbe bis orange Färbung verleihen. Trockenstress in der Wachstumsperiode kann zu einer verfrühten Ausbildung der Trennschicht zwischen Blatt und Zweig führen, wodurch die Blätter verfrüht vor einer möglichen Verfärbung abfallen. Zudem kann windiges und regnerisches Wetter die Blätter vor voll ausgebildeter Verfärbung abfallen lassen.

Wenn die bunten Blätter leise rieseln ...

Thomas Ranft

... na dann hat uns der Herbst fest im Griff. Wenn die Blätter bloß leise rieseln, ist das auch noch unspektakulär. Ein Grund dafür ist die Temperatur. Wenn es zu kalt ist, wenn es frostig ist, und dem Blatt bereits alle Nährstoffe entzogen sind, dann entschließt sich der Baum, die Blätter abzuwerfen. Das kann ganz ruhig geschehen, manchmal aber auch mit Schwung. Denn der Herbst ist ja nicht immer nur eine ruhige Jahreszeit. Anders als im Sommer kann es jetzt in der Atmosphäre auch großflächig gehörig zur Sache gehen – es wird windiger. Ist das der Grund, warum wir traditionell im Herbst die Drachen steigen lassen?

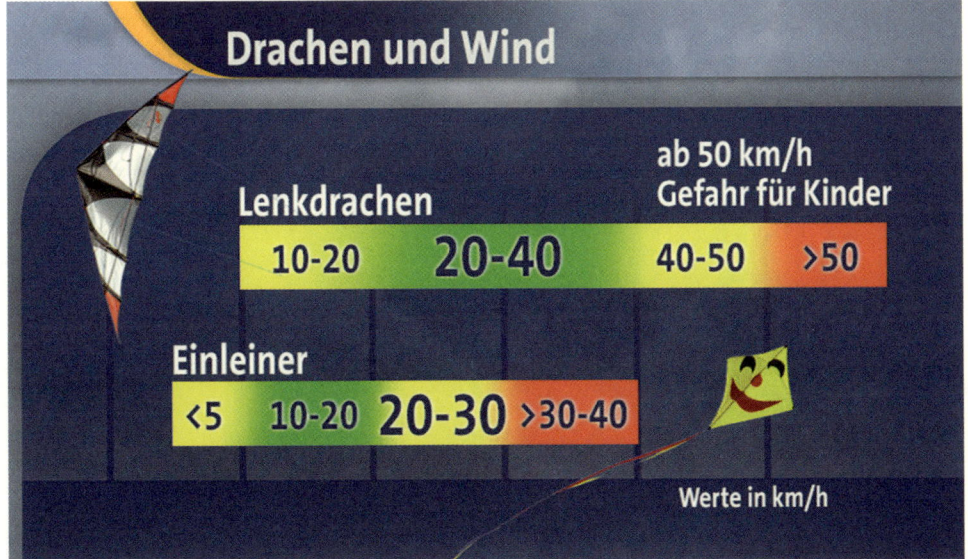

Wann fliegen Drachen am besten?

Foto: Christoph Weber, Löhnberg

Sicherlich auch, aber es hat vermutlich auch etwas damit zu tun, dass die Kinder auf den abgeernteten Feldern genügend Platz haben zu rennen und ihre Drachen steigen zu lassen. Nun kommt es ja auf den Drachen an, welche Windgeschwindigkeit er verträgt. Es gibt Drachen, die schon bei schwachem Wind gut fliegen, und andere, die kräftigen Wind besser vertragen. Zu viel sollte es aber auf keinen Fall sein, sonst hebt man mit dem Drachen ab wie der Fliegende Robert im *Struwwelpeter*. In der Sendung *alle wetter!* liefern wir im Herbst auch immer mal wieder Drachenwettervorhersagen mit Empfehlungen wo es besonders gut geht und wo Drachensteigen bei diesen Windgeschwindigkeiten keinen Spaß macht. Wie gesagt, der Wind darf nicht zu kräftig blasen – nun sind Stürme, die über das Land ziehen, typisch für das Winterhalbjahr, für Herbst und Winter. Aber warum stürmt es denn insbesondere im Herbst?

Warum gibt es Herbststürme? *Tim Staeger*

Im Herbst verkürzen sich die Tage in den hohen Breiten rapide, und die Temperatur sinkt in den länger werdenden Nächten entsprechend stark ab. In südlicheren Gefilden hält sich die Wärme auch aufgrund der noch hohen Wassertemperatur deutlich länger. Hier verringert sich die Sonneneinstrahlung ebenfalls, jedoch nicht in dem Maße wie im hohen Norden, wo die tiefstehende Sonne fast keine Wärme mehr liefern kann.

Nun versucht die Atmosphäre diese großen Unterschiede auszugleichen, indem warme Luft nach Norden und kalte nach Süden transportiert wird. Diese Umverteilung geschieht in den mittleren Breiten am effektivsten durch Tiefdruckwirbel, deren Entstehung im Detail recht kompliziert ist, die jedoch prinzipiell von Temperaturunterschieden angetrieben werden.

Zudem verlagern sich die Zugbahnen der Tiefs im Winterhalbjahr weiter nach Süden und kommen so dem europäischen Festland mitunter gefährlich nahe. In seltenen Fällen, wie beispielsweise beim verheerenden Orkan Lothar vom 25.12.1999, ziehen die Stürme auch über Land und richten dann große Schäden an.

Der Temperaturausgleich, den ein solches Sturmtief bewerkstelligt, hält jedoch nicht lange vor, sodass es im Laufe des Herbstes und Winters wiederholt zu starken Stürmen kommt, bevor im Frühling die Sonne die hohen Breiten erneut mit Wärme versorgt und sich die Temperaturunterschiede wieder abbauen können.

Ins Rutschen kommen *Thomas Ranft*

Schätzen Sie mal: Wenn wir ganz Deutschland betrachten und dabei Tag und Nacht zusammennehmen, was glauben Sie, wie hoch ist die sogenannte Jahresmitteltemperatur? 5 Grad, 10, 15 oder 20? Ich weiß nicht, ob Sie richtig liegen – es stimmt ein Wert um etwa 9 Grad. Das heißt, im Schnitt ist es in Deutschland 9 Grad kühl. Ich glaube, kühl ist das richtige Wort dafür. Vielleicht empfinden es viele Menschen nicht mehr so, aber es ist bei uns eben doch oft ziemlich frisch. An den meisten Orten in Deutschland gibt es doppelt so viele Frosttage wie Sommertage. Frosttag bedeutet: Die Tiefsttemperatur liegt bei 0 Grad oder darunter. Sommertag bedeutet: Die Höchsttemperatur liegt bei 25 Grad oder mehr. Weil wir über weite Strecken des Tages in geheizten Räumen sitzen, spüren wir das gar nicht so deutlich. Von Oktober bis April müssen wir auch im Flachland immer wieder mit Frost rechnen. Das bedeutet deswegen noch lange nicht, dass es schneien muss. Aber Frost reicht ja manchmal schon, um auf den Straßen ins Rutschen zu kommen. Und es muss gar nicht den ganzen Tag über frostig sein. Es reicht schon, wenn Sie in den Frühstunden, in denen es am kältesten ist, morgens um sechs genau in den 20 Minuten unterwegs sind, in denen sich in *dieser einen* Kurve auf 50 Metern Reif gebildet hat. Dabei gibt es ja eine Menge unterschiedliche Arten von Glätte. Nicht nur deswegen raten Experten Autofahrern dringend, im Winterhalbjahr auf Winterreifen zu wechseln. Die sind nämlich nicht nur bei Schnee gut. Auch bei Feuchtigkeit und niedrigen Temperaturen sind sie deutlich sicherer als ihr sommerliches Pendant, und weil Wasser bei niedrigen Temperaturen nicht so gut verdunstet, sind die Straßen im Winter viel länger feucht als im Sommer, wo es manchmal schon 15 Minuten nach einem Regenschauer wieder trocken ist. Richtig spannend wird es, wenn die Feuchtigkeit gefriert oder wenn Glätte quasi aus dem Nichts entsteht. Das hört man immer wieder in Nachrichten, wenn von Blitzeis gesprochen wird, oder von Reif oder Raureif oder überfrierender Nässe. Wissen Sie eigentlich, was das tatsächlich bedeutet?

Reif & Co. *Tim Staeger*

Wenn nachts die Temperatur unter den Gefrierpunkt sinkt, bilden sich mitunter Reif und verwandte Beschläge. Dadurch können die Straßen gefährlich glatt werden. Unter welchen Bedingungen entsteht Reif, wann Glatteis, und worin besteht der Unterschied zu Raureif?

Reif ist quasi der kalte Bruder des Taus, denn beide Beschläge entstehen, wenn die Feuchtigkeit aus der Luft auskondensieren muss, da die Temperatur absinkt oder die Luftfeuchtigkeit ansteigt. Beim Tau, der oberhalb des Gefrierpunktes entsteht, wandelt sich der gasförmige Wasserdampf in flüssiges Wasser um, er kondensiert. Unterhalb von Null Grad geht der gasförmige Wasserdampf direkt in die feste Phase über. Man spricht dann von Resublimation und

es entsteht Reif. Analog dem Taupunkt, also der Temperatur, bei der die Luft mit der enthaltenen Feuchtigkeit gesättigt ist, gibt es den Reifpunkt. Er bezeichnet diejenige Temperatur unter null Grad Celsius, ab der sich Reif bilden kann.

Oft wird Reif mit Raureif verwechselt. Der Raureif entsteht jedoch aus feinen unterkühlten Nebeltropfen beim Anlagern an festen Oberflächen, deren Temperatur unter null Grad Celsius liegt. Wasser gefriert beim Abkühlen nicht immer genau bei null Grad, vielmehr schmilzt Eis unter Normalbedingungen bei dieser Temperatur, weswegen sie korrekterweise als Schmelzpunkt und nicht Gefrierpunkt bezeichnet werden sollte.

Denn zum Gefrieren muss sich eine große Anzahl Wassermoleküle zu einem sogenannten Eisembryo organisieren. Die Mindestanzahl an Molekülen, die nötig ist, bis das Mini-Eiskristall stabil ist und von selber weiterwachsen kann, beträgt bei minus 5 Grad immer noch etwa 50 000 und selbst bei minus 20 Grad müssen sich immer noch mehrere hundert Moleküle zufällig anordnen, damit daraus ein Eiskristall wachsen kann. Erst unterhalb von minus 23 Grad kann unter natürlichen Bedingungen selbst reinstes Wasser nicht mehr flüssig sein.

Durch feste Oberflächen werden die Eisembryonen jedoch stabilisiert, sodass die Eisbildung bereits bei höheren Temperaturen einsetzt und Raureif entsteht, der dem Wind entgegenwächst und vor allem auf Bergen, die in wasserreiche Wolken hineinragen, gigantische Ausmaße annehmen kann. Enthält der Nebel große Wassertropfen, so können weiße und recht kompakte Eisablagerungen entstehen, die dann als Raufrost bezeichnet werden.

Fällt dagegen Nieselregen bei Temperaturen über null Grad auf Oberflächen, deren Temperatur unter dem Schmelzpunkt liegt, so bildet sich Glatteis. Direkt über dem Boden kann sich nachts eine Luftschicht ausbilden, die mehrere Grad kälter ist, als die darüberliegende. Dann kann sich Glatteis bilden, weswegen man auch bei Lufttemperaturen

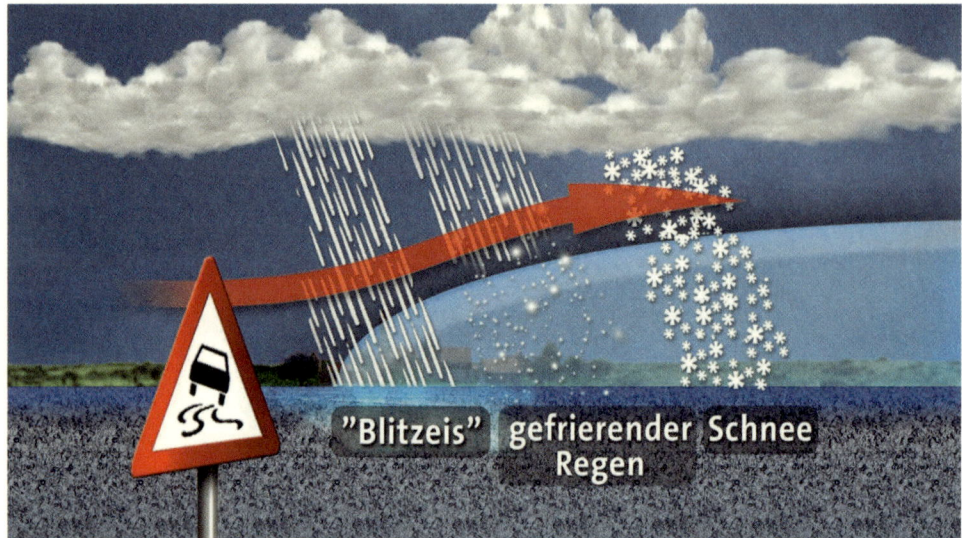

"Blitzeis" gefrierender Schnee
Regen

von plus 3 Grad und Nieselregen bereits mit glatten Straßen rechnen muss. Besonders gefährlich ist das sogenannte Blitz-Eis. Dabei handelt es sich um unterkühlte Regentropfen mit einer Temperatur unter null Grad, die beim Kontakt mit beispielsweise Straßenbelag sofort gefrieren. Der Vorgang ist der Bildung von Raureif sehr ähnlich, denn durch den Kontakt mit dem Asphalt können sich ganz plötzlich Eiskristalle bilden, die in den Regentropfen noch nicht stabil waren.

Warum ist Eis so glatt?

Thomas Ranft

Das klingt nach einer Kinderfrage, ist aber völlig berechtigt. Warum rutschen wir auf Eis eigentlich aus? Tatsächlich ja nicht auf den Eiskristallen, sondern wir rutschen auf dem dünnen Wasserfilm aus, der sich zwischen unseren Schuhen und den Eiskristallen befindet. Das Rutschen ist quasi das Aquaplaning, das wir sonst von Autos kennen, die in Pfützen aufschwimmen und haltlos dahinrodeln. Nun muss man wissen, dass Wasser ja bei 0 Grad gefriert, zumin-

dest im Normalzustand, unter Druck oder bei Salzzugabe ändert sich das. Wenn aber Wasser bei 0 Grad gefriert, tun das nicht alle Wassermoleküle gleichzeitig. Es gibt manche, die trödeln noch etwas hinterher und bleiben noch flüssig, während andere schon fest sind. Das ist dann der hauchdünne Wasserfilm, der auf der Oberfläche des Eises für die Glätte sorgt.

Warum können wir mit Schlittschuhen auf den Kufen so gut gleiten? Weil sich durch den hohen Druck der Kufe auf das Eis ein Wasserfilm bildet, auf dem es sich so wunderbar gleiten lässt. Sie können Eis auch griffiger machen. Denn je kälter es wird, umso weniger rutschen Sie. Während Sie bei 0 Grad im Auto eine regelrechte Rodelpartie erleben, fahren Sie bei minus 30 Grad am Polarkreis auf Eis völlig ohne Probleme. Das Eis ist dann so fest und »trocken«, dass Sie praktisch nicht mehr rutschen. Das hilft Ihnen jetzt natürlich nicht, wenn Sie daheim in Wiesbaden bei minus 1 Grad gerade zu Fuß unterwegs sind und die spiegelglatte Straße nicht hochkommen. Ein Tipp: Ziehen Sie Socken über die Schuhe! Klingt verrückt, die Socke saugt aber das Wasser auf der Oberfläche ab und Sie haben einen rutschfesteren Stand!

Winterliche Abendstimmung im Park an der Ilm, © Christian Seeling

Der Inbegriff des Winters ist zumindest in Osteuropa Väterchen Frost. Die Märchenfigur ist mit seiner Enkelin oder Begleiterin Snegurotschka unterwegs, dem Schneeflöckchen, und alles, was er mit seinem Zepter berührt, gefriert. Während Väterchen Frost wie der Weihnachtsmann wirkt, ist das britische und amerikanische Pendant eher kindlich: Jack Frost spielt gerne Streiche und lässt ebenfalls alles zu Eis erstarren. Je verschneiter, umso kälter – warum das so ist, verrät uns die nun folgende Geschichte ...

Väterchen Frost mag den Schnee *Tim Staeger*

Wieso sinkt die Temperatur über einer geschlossenen Schneedecke so stark ab?
Neben einem klaren oder gering bewölkten Himmel und windschwachen Verhältnissen spielt beim nächtlichen Absinken der bodennahen Lufttemperatur vor allem auch das Vorhandensein einer geschlossenen Schneedecke eine entscheidende Rolle.

Väterchen Frost.
Quelle: wikimedia commons, Urheber: Imladros

Ohne Schnee dringt die kurzwellige Sonnenstrahlung tagsüber in den Erdboden ein und erwärmt diesen. Von dort wird die Wärme dann an die untere Luftschicht abgegeben, wodurch diese sich ebenfalls erwärmen kann. Eine geschlossene Decke frisch gefallenen Schnees reflektiert aufgrund ihrer weißen Oberfläche 80 bis 90 Prozent der einfallenden Sonnenstrahlung direkt wieder nach oben zurück. Bei Altschnee reduziert sich das Reflexionsvermögen je nach Verschmutzung auf etwa 45 bis 80 Prozent. Die in den Schnee eindringende Energie schmilzt diesen, wodurch aber keine Erhöhung der Umgebungstemperatur bewirkt wird, da ja die ganze Energie zum Schmelzen verwendet wird. Somit bleibt es am Tage über einer geschlossenen Schneedecke durchaus mehrere Grad kälter, als über dem schneefreien Erdboden. Das sind schon mal gute Startbedingungen für die darauffolgende lange Winternacht. Nach Einbruch der Dunkelheit gibt der Erdboden normalerweise die tagsüber empfangene Energie in Form von langwelliger Wärmestrahlung wieder an die darüberliegenden Luftschichten ab. Dieser Wärmestrom wird durch den Schnee unterbunden, der wie eine isolierende Deckschicht wirkt. Gleichzeitig kann Schnee selbst sehr effektiv Wärmestrahlung abgeben, wodurch die Luftschicht direkt über der Schneedecke stark auskühlt.

Wie wird der Winter?
Thomas Ranft

Wenn Sie eine Antwort auf diese Frage haben, nur her damit, damit kann man viel Geld machen! Diverse Propheten versuchen sich daran: Regelmäßig im Herbst verraten uns einige selbsternannte Experten, der Winter käme mit der Russenpeitsche oder würde wieder viel zu mild und ohne Schnee. Das Problem ist nur, dass die Vorhersage solcher Langzeitprognosen

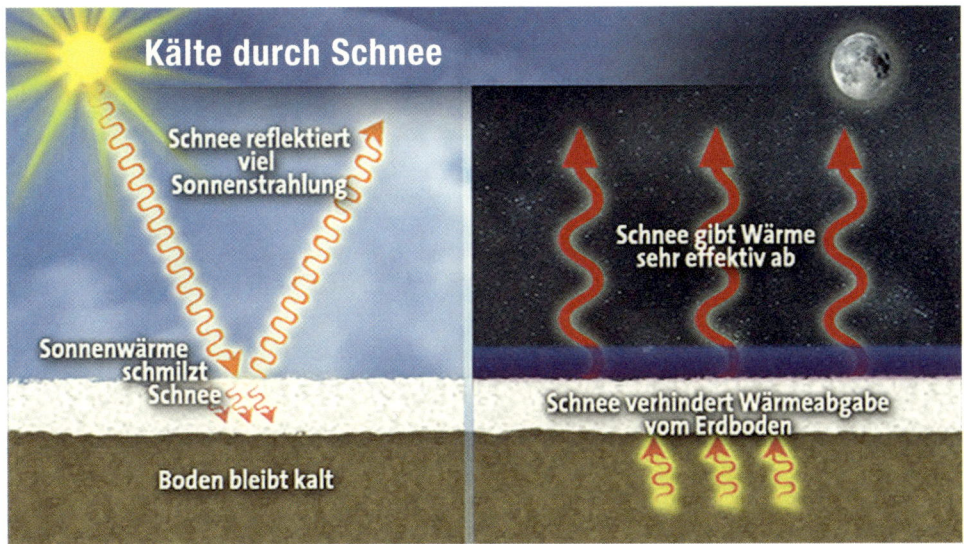

reine Kaffeesatzleserei ist. Ja, es gibt Computermodelle, die so etwas berechnen, nur verraten sie uns nicht, wie der Winter für uns tatsächlich wird. Und ein früher Vogelzug hat vielleicht eher etwas damit zu tun, dass gerade die Windrichtung passt. Dickes Winterfell? Von mir aus, aber woher soll ein Fuchs, Hase oder Reh wissen, wie der Winter wird? Sie dürfen natürlich gerne an so etwas glauben, aber das muss nicht bedeuten, dass es auch stimmt. Auch wenn so manche Langfristprognose wissenschaftlich aufgemacht ist, hat sie doch nur eine Eintreffwahrscheinlichkeit wie todsichere Tipps auf der Rennbahn oder am Roulettetisch. Wobei es tatsächlich großräumige Entwicklungen gibt, die letztendlich dafür verantwortlich sind, wie unser Wetter wird. Das ist aber nicht Frau Holle, die am Hohen Meissner sitzt und ihre Betten ausschüttelt, damit es schneit – die Wetterküche ist von uns ziemlich weit entfernt. Wir sehen zwar, dass darin gekocht wird, wir sehen auch, was dabei herauskommt, aber wie und warum der Wetterkoch mal dies und mal das kocht, das ist uns derzeit trotzdem noch nicht klar. Tim zeigt uns mal, was das für eine Winterwetterküche ist ...

Die Nordatlantische Oszillation *Tim Staeger*

Die großräumige Luftdruckverteilung über dem Nordatlantik bestimmt maßgeblich das Europäische Winterwetter.

Normalerweise befindet sich im Bereich der Azoren das gleichnamige Hoch, bei Island herrscht hingegen meist tiefer Luftdruck vor – dort entwickeln sich die in der Seefahrt berüchtigten Islandtiefs. Zwischen diesen beiden Druckgebilden stellt sich in der Regel eine atmosphärische Strömung vom Atlantik auf das Europäische Festland ein, wodurch die Winter hierzulande häufig recht mild und unbeständig ausfallen. Denn umso größer der Luftdruckunterschied zwischen Azorenhoch und Islandtief ausfällt, also je stärker sowohl das Hoch als auch das Tief ausgeprägt sind, desto stärker wehen die Westwinde auf dem Atlantik, entlang derer dann gerne kleinräumige Tiefs wie auf einer Perlenschnur aufgereiht die milde Luft zu uns schaufeln. Man spricht in diesem Zusammenhang auch von einer zonalen Großwetterlage, die durch eine kräftige

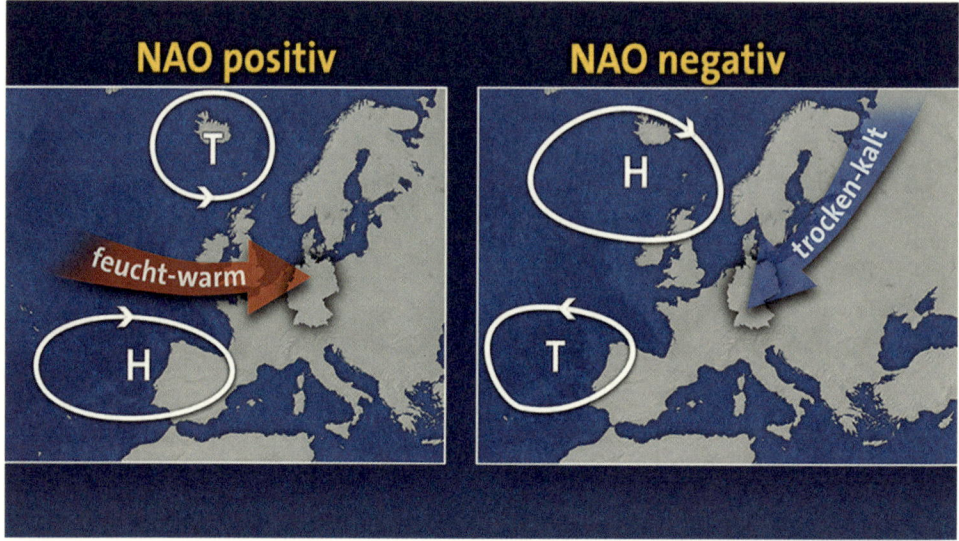

von West nach Ost ausgerichtete Grundströmung charakterisiert ist.

Zu anderen Zeiten kehrt sich die Situation um und im Bereich der Azoren befindet sich dann ein Tief, weiter nördlich entsprechend ein Hochdruckgebiet. In der Folge schläft der Zustrom milder Luft vom Atlantik nach Osten quasi ein und die Luftströmung kann weit in Nord-Süd-Richtung ausgreifen. Sogenannte meridionale Wetterlagen gewinnen die Oberhand, die dann die Luftmassen im großen Stil zwischen polaren und subtropischen Breiten austauschen. Im Mitteleuropäischen Winter kann eine solche auch als blockierte Wetterlage bezeichnete Situation zu Kaltlufteinbrüchen aus Skandinavien oder aus Russland führen, wo sich im fortschreitenden Winter ein großes Kaltluftreservoir aufbaut.

Dieses Wechselspiel der Luftdruckverteilung wird als die Nordatlantische Oszillation oder kurz als NAO bezeichnet und durch den Unterschied des Luftdrucks zwischen den Azoren und Island beschrieben. Ist diese Differenz ausgeprägt positiv, steht also ein starkes Azorenhoch einem kräftigen Islandtief gegenüber, so ist wechselhaftes und windiges Westwetter die Folge. Dieser NAO-Index kann aber auch negative Werte annehmen – in der Folge steigen hierzulande im Winter die Heizkosten.

In den 90er Jahren des vergangenen Jahrhunderts war der NAO-Index häufig positiv, die Winter bei uns in der Folge überwiegend mild. Beispielsweise in den Wintern 2009/10 und 2010/11 traten jedoch häufig blockierte Wetterlagen auf und die unterdurchschnittlichen Temperaturen gingen mit einem oft negativen NAO-Index einher. In den darauffolgenden Wintern überwog dann wieder die positive Phase der NAO und die Witterung war entsprechend überwiegend mild.

Leider ist es bisher noch nicht gelungen, die komplexen Zusammenhänge zu entschlüsseln, welche das Verhalten der NAO bestimmen. Eine längerfristige Prognose ist also (noch?) nicht möglich.

WETTERPHÄNOMENE

Wo ist Ihr Foto-apparat? *Thomas Ranft*

In diesem Kapitel reden wir über Phänomene, die man gerne fotografiert. Und das erste dürfte auch das beliebteste sein: der Sonnenaufgang bzw. der Sonnenuntergang. Oder haben Sie den etwa noch nie fotografiert? Ein Sonnenuntergang ist etwas Erhabenes, insbesondere, wenn noch ein paar Restwolken am Himmel sind. Denn nur sie geben dem Ganzen Struktur und sorgen für unterschiedliche Farben und Schattierungen. Wir bekommen über unsere Homepage *allewetter.hr.de* tagtäglich Fotos von Zuschauern der Sendung zugeschickt und tatsächlich könnten wir fast jeden Tag

orange-rote Bilder zeigen. Ein Bildband nur mit Sonnenuntergängen? Kein Problem, könnten wir monatlich liefern. Was macht die Faszination dieses Phänomens aus? Nun, für uns Menschen ist das eine emotionale Frage, anders als bei Tieren, wie z. B. Singvögeln, die ihre Gesangszeiten am Sonnenauf- und Sonnenuntergang orientieren, oder bei Rehen, die immer zur gleichen Zeit abhängig vom Sonnenuntergang äsen. Wir Menschen sind davon einfach ergriffen, weil der Himmel uns zu Tagesbeginn und -ende eine andere Facette zeigt. Er wirkt durch das Farbenspiel größer und erhabener. Die warmen Farben berühren uns. Auf Platz 1 unserer Hitliste der Orte mit den schönsten Sonnenuntergängen ist Key West in Florida. Manch einer behauptet sogar, dieser Ort komme dem Paradies gleich – auf

Sonnenuntergang vor Key West, © Tim Staeger

jeden Fall versammeln sich dort tagtäglich Besucher und Straßenkünstler am Mallory Square, um dem Himmelsschauspiel beizuwohnen. Auf Platz 2 steht ein beliebtes Urlaubsziel der Deutschen: Playa de Palma auf Mallorca. Besonders außerhalb der Saison, wenn nicht die Touristenströme die Strände bevölkern, ist es sehr beeindruckend. Platz 3 geht an Laikipia, Kenia: Eine tiefrote Landschaft, Schirmakazien in der Savanne, die dunkle Scherenschnitte in den Himmel zaubern, dazu die spektakuläre Tierwelt. Platz 4 belegt die Halong-Bucht in Vietnam: das Weltnaturerbe mit dem einzigartigen Blick auf die typischen Segelboote und die Sonne, die hinter den Kalksteinhügeln versinkt. Apropos Hügel, auf Platz 5 ist ein ganz besonderer Hügel, besser gesagt Berg: der Ayers Rock in Australien. Wenn Sie sehen, wie das Wahrzeichen des Kontinents im Licht der untergehenden Sonne erstrahlt, werden Sie das nie wieder vergessen.

Wollen wir doch mal klären, warum sich der Himmel zu diesen Zeiten so ungewöhnlich färbt ...

Die blaue Stunde *Tim Staeger*

Wie entstehen Morgen- und Abendrot?
Ein besonderes Lichtspiel sind Morgen- und Abendrot. Tagsüber ist der wolkenlose Himmel blau, weil die Luftteilchen nicht alle Farben des Sonnenlichts gleich stark ablenken, also streuen. Kurzwelliges, blaues Licht wird stärker gestreut als langwelliges, rotes Licht. Dieses gestreute Licht verteilt sich gleichmäßig über den Himmel und erreicht als diffuses Streulicht unser Auge. Die Sonnenscheibe erscheint zudem deswegen gelb, weil der blaue Lichtanteil fehlt. Sonst wäre sie weiß.

Morgens und abends jedoch, wenn die Sonne nur knapp über dem Horizont steht, muss das Licht einen deutlich längeren Weg durch die Atmosphäre nehmen als zur Mittagszeit. Dann werden deutlich mehr kurzwellige Anteile aus dem Sonnenlicht gestreut und die Sonnenscheibe erscheint dunkelgelb, mitunter auch rot. Durch Staubteilchen in der Atmosphäre können dann zudem auch prächtige Farbenspiele am Himmel beobachtet werden, da diese sogenannten Aerosole das Sonnenlicht auf ganz eigentümliche Weise streuen. Besonders ausgeprägt war dies nach dem Ausbruch des Vulkans Pinatubo auf den Philippinen im Jahr 1991 zu beobachten. Schwefelteilchen des Ausbruchs konnten sich damals in über 10 km Höhe in der Stratosphäre weltweit verteilen. Diese Teilchen färbten dann morgens und abends den Horizont bei entsprechender Wetterlage für mehrere Monate violett ein.

Die Bauernregel: »Morgenrot, Schlechtwetterbot« hat ihren Ursprung übrigens in prachtvoll leuchtenden Wolken, die morgens von der im Osten aufgehenden Sonne am westlichen Horizont angestrahlt werden. Da in unseren Breiten Wetterfronten in der Regel aus Westen aufziehen, ist dies häufig tatsächlich der Vorbote einer bevorstehenden Wetterverschlechterung. Im Gegensatz dazu können im Abendrot leuchtende Wolken häufig einer nach Osten abziehenden Schlechtwetterfront zugeordnet werden, was dann mit einer nachfolgenden Wetterberuhigung in Zusammenhang steht.

Aber warum nennt man die Zeit des Sonnenuntergangs eigentlich die blaue Stunde? Das Himmelsblau hat während der Dämmerung, also auch morgens, eine andere spektrale Zusammensetzung als tagsüber, da unterschiedliche physikalische Vorgänge wirksam sind. Tagsüber wird das Sonnenlicht in der Atmosphäre durch die sogenannte Rayleigh-Streuung in seine Spektralfarben zerlegt. Das extrem schräg durch die Atmosphäre scheinende Licht während der Dämmerung erreicht stark abgeschwächt die Ozonschicht in etwa 15 bis 30 km Höhe. Dort werden bestimmte Farben von den Ozon-Molekülen absorbiert, also quasi geschluckt. Übrig bleiben wiederum überwiegend Blauanteile, jedoch etwas andere als tagsüber, weswegen das Himmelblau morgens und abends mitunter eine besondere Stimmung erzeugt.

zumindest große Teile davon. Wer also auf Gold hofft, muss sich etwas anderes überlegen.

Aber wie funktioniert das denn nun mit dem Regenbogen genau?

Die Farben des Sonnenlichts *Thomas Ranft*

Jetzt wissen wir also, wie Sonnenlicht gestreut wird und dass das Sonnenlicht gar nicht nur aus einer Farbe besteht. Nur im Zusammenspiel aller Farben wird daraus weiß. Nach einem Regenguss kann man, je nachdem, wie groß der Regenvorhang ist und wo man steht, Teile des Regenbogens sehen. Irgendwo verschwindet er im Boden, aber liegt am Ende des Regenbogens ein Topf mit Gold, wie in Legenden behauptet wird? Natürlich nicht, aber warum? Die einfachste Erklärung ist: Weil der Regenbogen gar kein Ende hat. Tatsächlich ist es ein Kreis, allerdings ist der Boden im Weg, sodass wir den Rest des Kreises nicht sehen können. Wenn Sie im Flugzeug sitzen oder auf einem sehr hohen Hochhaus, dann sehen Sie manchmal einen Regenbogenkreis oder

Lichtspiele am Himmel *Tim Staeger*

Verursacht wird das eindrucksvolle Farbenspiel des Regenbogens durch die sogenannte Lichtbrechung an Regentropfen. Das von der Sonne kommende sichtbare Licht besteht aus vielen Farben, die in ihrer Gesamtheit weiß erscheinen. Fällt nun ein solcher Lichtstrahl in einen nahezu kugelförmigen Regentropfen, so wird das Licht je nach Farbe unterschiedlich stark abgelenkt und ein Teil davon im Regentropfen in einem ganz bestimmten Winkel zurückreflektiert.

Hat man die Sonne im Rücken und schaut auf eine Luftschicht, durch die gerade Regentropfen fallen, so erreicht der in den Tropfen zurückgeworfene Anteil des Sonnenlichts in seine Spektralfarben zerlegt das Auge des Betrachters. Dabei befindet

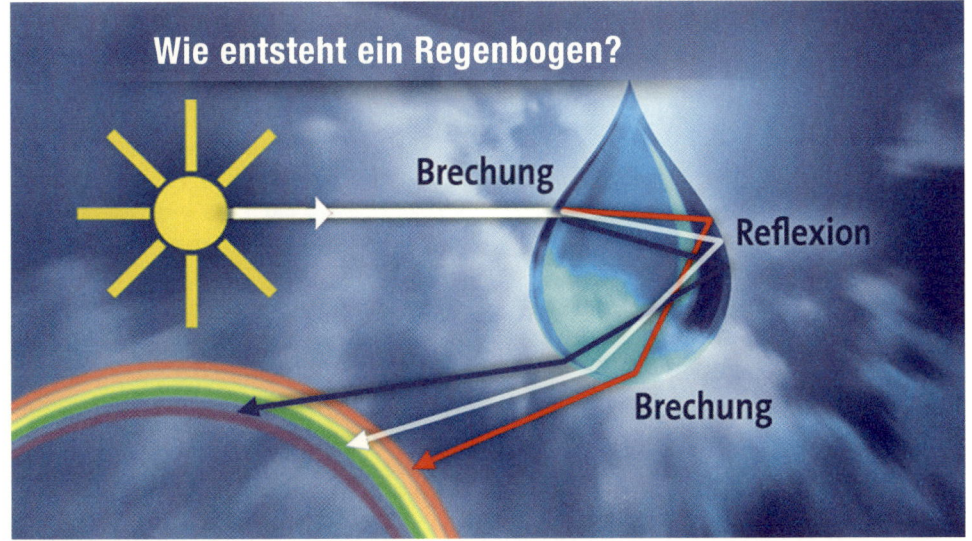

Wie entsteht ein Regenbogen?

Brechung

Reflexion

Brechung

Zirkumzenitalbogen. Foto: Walter Guderjahn

sich Violett am inneren und Rot am äußeren Rand des Bogens, welcher umso größer ist, je tiefer die Sonne steht. Denn aufgrund der Geometrie der Lichtablenkung in den Wassertropfen verschwindet der (Primär-) Regenbogen bei einem Sonnenstand von über 42 Winkelgrad unter dem Horizont. Im Sommer kann man das Naturschauspiel zur Mittagszeit also gar nicht beobachten.

Scheint die Sonne besonders intensiv, zeigen sich manchmal auch ein oder sogar mehrere Nebenbögen mit umgekehrter Abfolge der Spektralfarben. Diese entstehen durch zweifache oder sogar mehrfache Reflexion der Lichtstrahlen in den Regentropfen. Wegen der stärkeren Lichtschwächung beim längeren Weg durch das Wasser sind die Nebenbögen auch deutlich schwerer auszumachen als der Hauptbogen.

Am Ende des Regenbogens soll übrigens ein Schatz vergraben sein, den der Legende nach bisher noch niemand heben konnte.

Im Unterschied zum Regenbogen wird das Sonnenlicht bei den sogenannten Halo-Erscheinungen nicht an Regentropfen, sondern an Eisplättchen gebrochen, die vor allem in hohen und damit besonders kalten Wolken, den sogenannten Cirren vorkommen. So vielfältig die geometrischen Formen der Kristalle sind, so vielfältig sind auch die unterschiedlichen Erscheinungsformen innerhalb der Halo-Großfamilie.

Neben den Formen der Eiskristalle, die von sechseckigen Plättchen über Zylinder bis zu pyramidenförmigen Vielecken reichen können, ist auch deren Größe und Ausrichtung ausschlaggebend für die Art und Weise, wie sich das Licht in ihnen bricht und dadurch in seine Spektralfarben zerlegt wird. Zudem spielt der Sonnenstand eine entscheidende Rolle.

Halos können sich in unterschiedlichen Radien und Häufigkeiten ringförmig um die Sonne anordnen, als Nebensonnen punktförmig auftreten oder als Lichtsäulen linienförmig durch die Sonne hindurchreichen. Eine weitere besondere Form ist der sogenannte Zirkumzenitalbogen, der kreisförmig um den Zenit, also um den höchsten Punkt am Himmel, ausgerichtet ist.

Können Sie Ihren Augen nicht trauen?

Thomas Ranft

Stellen Sie sich vor, Sie sind in der Wüste. Alleine. Auf einem Kamel. Ohne die Möglichkeit, sich mit der Außenwelt in Verbindung zu setzen. Sengende Hitze, über 40 Grad, kein Wölkchen am Himmel und kein Schatten in Sicht. Ihre Wasservorräte gehen allmählich zur Neige und die Lage scheint aussichtslos. Doch dann, am Horizont, Sie sehen eine Lagune, Palmen, eine spiegelnde Wasserfläche. Hoffnung keimt auf, Sie treiben das Kamel an und reiten mit letzter Kraft in diese Richtung. Doch je näher Sie kommen, umso weiter scheint die Lagune sich zu entfernen, bis sie tatsächlich verschwindet. Halluzinieren Sie? Ist das alles nur Einbildung? Gut, falls Sie jetzt sagen »Ich war doch noch nie in der Wüste, woher soll ich das denn wissen?«, darf ich antworten: Auch, wenn Sie noch nicht in der Wüste waren, gesehen haben Sie das Phänomen mit Sicherheit schon. Die Fata Morgana – es gibt sie auch in unseren Breiten, an heißen Sommertagen, wenn die Sonne auf die Straße knallt und Sie das Gefühl haben, in der Ferne spiegelt die Oberfläche wie Wasser. Ein optisches Phänomen, das Sie nur bei Sonneneinstrahlung und großer Hitze erleben können ...

Fata Morgana *Tim Staeger*

Haben Sie sich auch schon mal gefragt, wieso die Beine so doof verkürzt aussehen, wenn man bis zum Bauchnabel im Schwimmbecken steht? Aus demselben Grund, aus dem ein Bleistift scheinbar einen Knick hat, wenn man ihn zur Hälfte in ein Wasserglas reinhält.

Das hier wirksame physikalische Phänomen nennt man Brechung und es tritt immer dann auf, wenn sich Lichtwellen in einer veränderten Umgebung plötzlich schneller oder langsamer ausbreiten können als vorher. Man spricht auch von einem Übergang in ein Medium mit einer anderen optischen Dichte. Nun kann sich Licht in heißer Luft schneller ausbreiten, als in kalter. Man sagt auch, heiße Luft ist optisch dünner. Wenn sich nun ein scharfer Temperaturübergang ausbilden kann, sind Luftspiegelungen zu beobachten. Diese besonders scharfen Grenzen entstehen bei Hitze und Windstille. Durch die Mittagssonne erhitzt sich

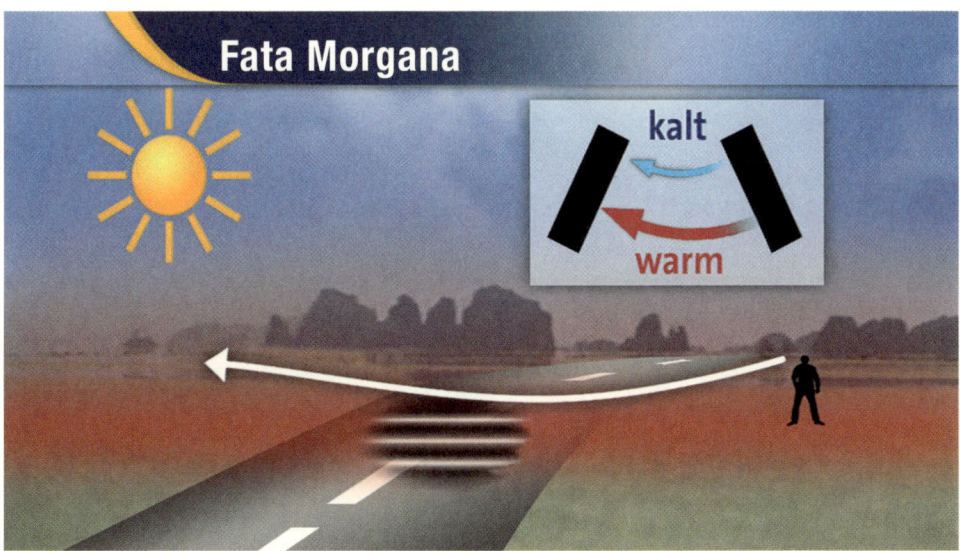

im Hochsommer der Erdboden besonders stark, welcher die Wärme seinerseits zum Teil an die bodennahe Luftschicht abgibt.

Wie auch in einer sternklaren und windschwachen Nacht bildet sich eine bodennahe Luftschicht aus, die eine stark abweichende Temperatur zur darüberliegenden Luft aufweist, nur dass sich nachts Kaltluft am Boden sammelt, in der Mittagshitze aber die heiße Luft.

Lichtstrahlen, die von oben aus der kalten Luftschicht in einem flachen Winkel in die Hitze eintauchen, werden nach oben abgelenkt. Für den Betrachter scheinen diese Lichtstrahlen von einer tiefer liegenden Stelle ausgegangen zu sein. In unseren Breiten lässt sich das Phänomen typischerweise im Hochsommer über stark erhitztem, dunklem Asphalt beobachten. Das charakteristische Flimmern wird von der aufsteigenden heißen Luft verursacht, welche die Grenze zur kälteren Luft unscharf werden lässt.

In Wüsten kann die Grenze zwischen den unterschiedlichen Luftmassen durch die intensivere Sonneneinstrahlung höher liegen, als in den gemäßigten Breiten. Dann lassen sich die als Fata Morgana bezeichneten Spiegelungen auch am Himmel beobachten. Der Name stammt ursprünglich aus dem Italienischen und bezieht sich auf die Fee Morgana aus der Artussage. Sie bewohnte, so die Legende, die im Nebel verborgene und für Normalsterbliche unerreichbare Insel Avalon. Der Namensgeber wurde wohl von einer häufig auftretenden Luftspiegelung in der Straße von Messina zwischen Italien und Sizilien, die an eine unerreichbare Insel erinnert, inspiriert.

Thomas Ranft

Übrigens: Diese Brechung von Wellen bei unterschiedlich warmen Luftschichten gibt es nicht nur beim Licht. Auch Schallwellen werden gebrochen. Wenn die bodennahe Luft wärmer ist als die darüber, werden Schallwellen nach oben abgelenkt, was zur Folge hat, dass die Welt etwas leiser erscheint, weil uns gar nicht so viele Geräusche erreichen. Umgekehrt ist es nachts so, dass die Luft bodennah ja kälter ist als die Schicht darüber, und deswegen Schallwellen nach unten abgelenkt werden. Dass führt dazu, dass wir nachts weiter hören können. Wenn Sie nachts die Autobahn oder den Rangierbahnhof hören, obwohl Sie tagsüber davon nichts mitbekommen, hat das gar nicht so viel damit zu tun, dass es tagsüber insgesamt lauter ist, nein, nachts kommen auch weiter entfernte Geräusche an, tagsüber nicht!

Wenn der Durchblick fehlt ... *Thomas Ranft*

Das folgende Phänomen erleben wir bei uns häufig im Herbst und im Frühjahr, und ich gebe zu, viele mögen es nicht. Warum auch, denn Nebel, um den geht es, ist feucht, behindert die Sicht und lässt unsere Umwelt trist und grau erscheinen. Und wenn wir wissen, dass Sonnenschein Menschen glücklich machen kann, dann ist Nebel, mehr noch als Dunkelheit, eher das Gegenteil davon. Wenn im Edgar-Wallace-Krimi der Mörder um die Ecke schleicht, ist es natürlich neblig. Wenn der Durchblick fehlt, macht uns das zu schaffen. Er schlägt auf die Stimmung oder behindert uns im Straßenverkehr, auch für Flieger ist das alles andere als optimal. In der Schifffahrt hat man sich früher zur Orientierung mit Nebelhörnern beholfen, heute greift man eher zum Radar, oder im Auto zumindest zur Nebelschlussleuchte. Wobei – wussten Sie, dass man sie erst bei einer Sichtweite von unter 50 m einschalten darf? Das ist verflixt wenig:

so viel wie der Abstand von zwei Begrenzungsbaken am Straßenrand. Und mit eingeschalteter Nebelschlussleuchte darf man auch nicht schneller als 50 km/h fahren.

Ab wann spricht man denn überhaupt von Nebel?

Klare Sicht ist einfach, 20 km Sichtweite, alles ist schön. Wenn die Sicht auf 4 bis 1 km beschränkt ist, sprechen wir von Dunst, und erst unter 1 km Sicht wird es neblig. Richtig unangenehm wird es bei Sichtweiten unter 100 m, manchmal liegt die Sicht auch unter 20 m. Dann wird man wirklich leicht orientierungslos, selbst auf Strecken, die man eigentlich gut kennt. Bei so einem dichten Nebel wird auch der Boden feucht, und so eine Nebelnässe kann uns ins Rutschen bringen.

In einer der trockensten Regionen der Welt, der Atacamawüste in Südamerika, ist der Nebel einer der wichtigsten Wasserlieferanten. Nicht nur Pflanzen sammeln das Nebelwasser. Auch Menschen nutzen den Nebel, der vom kalten Pazifik in die Wüste zieht. Sie spannen Netze auf, in denen sich die Tröpfchen verfangen, und von dort nach unten in Sammelgefäße laufen.

Aber wie entsteht Nebel eigentlich?

Nebel in Frankfurt, © Thomas Ranft

Nebel *Tim Staeger*

Vor allem im Herbst gibt es häufig Nebel, der sich tagsüber mitunter nur zäh auflöst. Bilden kann er sich, wenn in klaren Nächten die Temperatur unter eine kritische Schwelle absinkt. Diese Grenztemperatur ist der sogenannte Taupunkt. Es handelt sich hierbei nicht um die Temperatur, bei der Eis taut, sondern bei der sich Tau, beispielsweise auf Wiesen, bildet. Somit ist der Taupunkt ein Maß für die in der Luft enthaltene Feuchtigkeit. Denn je feuchter die Luft ist, desto höher ist die Temperatur, ab der sich Tau niederschlägt oder auch Nebel bildet.

Warme Luft kann mehr unsichtbaren Wasserdampf enthalten, als kalte. Wenn die maximal mögliche Menge an Wasserdampf in der Luft erreicht ist, spricht man von Sättigung, und die relative Feuchte beträgt 100 %. Diese 100 % entsprechen aber bei höheren Temperaturen einer größeren Wassermenge, als bei niedrigeren. So enthält 30 Grad warme und gesättigte Luft etwa 30 g Wasser pro Kubikmeter, bei 0 Grad sind es nur etwa 5 g.

Normalerweise ist die Luft im Sommerhalbjahr selten gesättigt, da sie bei hoher Temperatur sehr viel Wasser aufnehmen kann. Enthält sie beispielsweise 13 g Wasser pro Kubikmeter, so entspricht das bei 30 Grad einer relativen Feuchte von 40 %. Würde man diese Luft nun auf 15 Grad abkühlen, so wäre sie mit einer relativen Feuchte von 100% gesättigt – ihr Taupunkt beträgt also 15 Grad. Ein Taupunkt über 16 Grad wird von vielen bereits als schwül empfunden.

Im Winterhalbjahr ist der Taupunkt vor allem nachts von Interesse, wenn nämlich die Lufttemperatur bis auf den Taupunkt absinkt und sich Nebel bildet. In klaren und windschwachen Nächten kühlt die unterste Luftschicht in Bodennähe besonders stark aus, wird dadurch dichter und schwerer und sammelt sich bevorzugt in Mulden- und Tallagen. Wenn dann noch ein Gewässer für ein zusätzliches Feuchteangebot sorgt und dadurch lokal den Taupunkt erhöht, bildet sich in solchen ungünstigen Lagen bevorzugt Nebel.

Neblig ist es übrigens erst, wenn die Sichtweite unter einem Kilometer beträgt. Liegt sie zwischen einem und vier Kilometern, spricht man von Dunst. Der Durchmesser der winzigen Nebeltröpfchen beträgt nur wenige hundertstel Millimeter. Ähnliches gilt übrigens auch für eine Wolke, denn Nebel ist ja nichts anderes, als eine am Boden aufliegende Wolke. In einem Kubikmeter Nebel befinden sich nur etwa 0,01 bis 0,3 g kondensiertes Wasser.

Morgens löst sich dieser Nebel je nach Sonnenstand mehr oder weniger rasch wieder auf. Umso weiter die Jahreszeit vorangeschritten ist und umso niedriger der Sonnenstand, desto länger dauert die Nebelauflösung. Im Winter kann er sich sogar den ganzen Tag über halten, Ende September ist das aber noch nicht der Fall. Jedoch hat der Nebel eine selbsterhaltende Neigung, da er aufgrund seiner hellen Oberfläche bis zu 90 % der Sonnenstrahlung reflektiert, die dann nicht mehr zur Erwärmung der umgebenden Luft zur Verfügung steht. Je weiter der Herbst fortschreitet, desto schwieriger wird es, den Zeitpunkt der Nebelauflösung abzuschätzen, da kleine Unterschiede hier große Wirkungen haben.

So weit so gut, das ist Nebel. Aber wie entsteht Hochnebel? Er zeichnet sich dadurch aus, dass es direkt über dem Boden klar ist, und sich in etwa 500 bis 1500 m darüber eine kompakte gleichförmige Schichtbewölkung befindet. Im Herbst löst sich der Frühnebel durch die vormittägliche Erwärmung der unteren Luftschicht auf. Diese Erwärmung reicht jedoch nicht aus, um die gesamte Nebelschicht zu verdunsten, und es bleibt Hochnebel übrig.

Mit fortschreitender Jahreszeit spielt folgender Vorgang eine zunehmend bedeutende Rolle: Häufig befindet sich in einem Hochdruckgebiet durch Absinken recht trockene Luft über einer bodennahen feuchten Luftschicht. Nachts bildet sich an

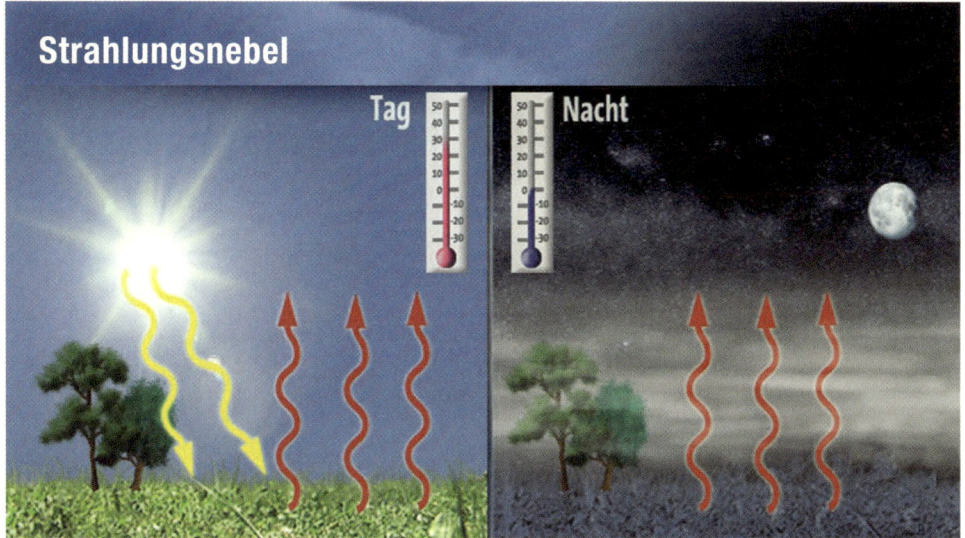

Strahlungsnebel

Tag   Nacht

dieser Grenze eine Hochnebelschicht, die eine weitere Abkühlung der tieferen Luftschicht verhindert, wodurch es am Erdboden klar bleibt.

Typisch für Hochdruckwetter ist auch die fehlende Durchmischung der unterschiedlich hohen Luftschichten. Hält sich eine solche Wetterlage über mehrere Tage, so bildet sich im Herbst und Winter durch das Absinken der Luft im Hochdruckgebiet eine sogenannte Temperaturinversion aus, bei der es in Tallagen auch tagsüber kälter bleibt als auf den Bergen. Dann verhindert eine bestehende Hochnebeldecke die Erwärmung im Tal, wodurch sich der Hochnebel quasi selbst erhält. Erst ein Wetterumschwung mit frischem Wind kann diesen starren Zustand beenden.

Der nebligste Monat hierzulande ist der Oktober mit durchschnittlich acht Nebeltagen. Zum einen sind die Nächte bereits lang genug, damit es bei ruhigem und klarem Hochdruckwetter stark genug abkühlen kann, zum anderen ist die Verdunstung über den noch warmen Ozeanen hoch, sodass häufig feuchte Luft vom Atlantik oder vom Mittelmeer nach Deutschland gelangt. Im Juli hingegen wird im bundesweiten Mittel nur ein Nebeltag beobachtet. Aber auch im März, wenn es zwar kalt, die Luft aber trockener als im Oktober ist, gibt es durchschnittlich nur drei Nebeltage.

Die nebligste Region in Deutschland mit über 50 Nebeltagen im Jahr befindet sich übrigens am Bodensee, im Donautal sind es immerhin noch mehr als 40 Tage. Besonders klar ist es in den Höhenlagen des Schwarzwaldes mit weniger als 20 Nebeltagen pro Jahr. Der mit Abstand nebligste Ort Deutschlands ist aber der Brocken im Harz mit etwa 300 Nebeltagen im Jahr, 1958 wurden dort sogar 330 Nebeltage registriert!

Wenn uns Nebel verzaubert ... *Thomas Ranft*

Wenn ich vorhin gesagt habe, dass Nebel trist und grau ist, dann stimmt das zwar einerseits, andererseits geht von Nebel aber auch eine Faszination aus. Laufen Sie doch mal durch eine Landschaft mit Büschen, Bäumen und Wiesen, und all das im Nebel. Dick eingepackt, damit Sie nicht frieren, lassen Sie die Natur auf sich wirken, eine Natur, die plötzlich so völlig anders aussieht als üblich. Es ist etwas stiller als sonst, weil die Nebeltröpfchen den Schall dämpfen, auch Lichter werden gedämpft. Manchmal hat das geradezu etwas Unwirkliches. Wenn Sie bereit sind, an Geister zu glauben, hat Tim jetzt eines für Sie ...

Das Brockengespenst im Tanzawa-Bergland, Präfektur Kanagawa, Honshu, Japan. Quelle: wikimedia commons. Urheber: 564.

Das Brockengespenst
Tim Staeger

Eine tiefstehende Sonne und Nebel sind Zutaten für vielfältige optische Phänomene. Steht man mit dem Rücken zur tiefstehenden Sonne und fällt der eigene Schatten auf eine Nebelbank, so kann man mitunter eine besondere optische Erscheinung sehen, welche erstmals 1780 von Johann Esaias Silberschlag beschrieben wurde: das sogenannte Brockengespenst.

Der Effekt entsteht dadurch, dass der eigene Schatten nicht auf eine feste Fläche fällt, sondern von kleinsten Nebeltröpfchen erzeugt wird, die sich auch recht weit vom Betrachter entfernt befinden können. Dadurch wird der Schatten in die Länge gezogen und erscheint stark verzerrt und vergrößert. Leichte Luftbewegung lässt den Schatten zudem leicht »tänzeln«, wodurch der Eindruck eines Gespenstes noch verstärkt wird, besonders wenn der Schatten durch besondere Gegebenheiten nicht den Boden berührt.

Dieses Phänomen wurde in der Vergangenheit häufig auf dem Brocken im Harz beobachtet, wo es besonders viele Nebeltage gibt, jedoch kann sich das Brockengespenst überall zeigen. Voraussetzungen sind feine Nebeltröpfchen, gepaart mit einer tiefstehenden Sonne im Rücken des Betrachters. Aber auch künstliche Lichtquellen, wie beispielsweise Autoscheinwerfer, können ähnliche Effekte hervorrufen.

Ist die Größe der Nebeltropfen sehr ähnlich, so kann man zusätzlich zum gespenstischen Schattenwurf auch einen Lichtkranz aus Regenbogenfarben um den Schatten wahrnehmen, der auch als Glorie bezeichnet wird.

Hierbei handelt es sich um ein Beugungsphänomen, welches häufig auch aus Flugzeugen heraus sichtbar ist.

Bei der Beugung von Licht werden die Lichtwellen an sehr kleinen Hindernissen abgelenkt. Diese Ablenkung ist bei unterschiedlichen Wellenlängen, also Lichtfarben, verschieden stark ausgeprägt, wodurch das weiße Sonnenlicht in seine Spektralfarben zerlegt wird. Beim Regenbogen geschieht Ähnliches, jedoch nicht durch Beugung, sondern durch Brechung von Lichtwellen in deutlich größeren Regentropfen.

Durch eine kombinierte Wirkung aus Lichtbrechung und Beugung entstehen dagegen sogenannte Nebelbögen. Hierbei handelt es sich im Prinzip um eine Sonderform der Regenbögen. Jedoch wird das Licht an den kleinen Nebeltröpfchen zusätzlich noch gebeugt, wodurch die ursprüngliche Zerlegung des Lichts durch Lichtbrechung durch nachfolgende Beugung weitgehend wieder zunichtegemacht wird. Aus diesem Grund erscheinen Nebelbögen in der Regel weiß und sind allenfalls an den Rändern leicht verfärbt.

UNWETTER

Unwetter sind gefährlich! Wirklich! Auch für Sie! *Thomas Ranft*

In einer Wettersendung im Fernsehen ist es heutzutage eigentlich überhaupt kein Problem, täglich Bilder von aktuellen Unwettern zu zeigen. Das weltweite Korrespondenten-Netzwerk, das Internet, soziale Medien wie Facebook oder Twitter liefern permanent neue Bilder. Und tatsächlich ist es so, dass gefühlt fast ununterbrochen irgendwo die Welt untergeht. Sturm oder Überschwemmung, Dürre, Waldbrand, jedes Ereignis für sich ist tragisch, und zeigt, dass zum Wetter auch *Unwetter* gehört.

Dabei leben wir in Deutschland in einer wettermäßig wirklich gesegneten Region mit gemäßigtem Klima. Und im Vergleich zu manch anderem Fleckchen dieser Erde geht es hier doch recht ruhig zu. Was aber nicht bedeutet, dass unser Wetter grundsätzlich ungefährlich ist. Ganz im Gegenteil: Der Deutsche Wetterdienst hat einen Unwetterwarndienst und liefert pro Jahr Zehntausende von Unwetterwarnungen: vor Starkregen, Blitzschlag oder Sturm.

Warum kommen trotzdem auch heute noch Menschen zu Schaden? Unterschätzen wir die Macht des Wetters?

Wenn im Fernsehen direkt im Anschluss an einen Spielfilm, in dem gerade die Welt in Schutt und Asche gelegt wurde, Berichte von Unwettern gezeigt werden, unterscheiden wir vielleicht nicht mehr so genau zwischen Fiktion und Wirklichkeit. Das im Fernsehen und das, was man tatsächlich erlebt, das sind doch für viele Menschen zwei verschiedene Welten. Die Bilder haben ihren Schrecken für das reale Leben verloren. Dazu kommt, dass die meisten von uns viele Stunden in Innenräumen verbringen, in Städten, fernab der Natur. Wenn es tagsüber dunkel wird, weil ein Gewitter aufzieht, bekommen wir bei der Arbeit keine Angst, sondern machen nur das Licht an.

Der Respekt vor der Gefahr ist weg.

Das zeigen tragische Ereignisse, die regelmäßig passieren: z. B. Fußballmannschaften, die während eines Spiels vom Blitz getroffen werden.

Es gibt zwar so etwas wie den Blitz aus nahezu heiterem Himmel, aber eben nur *nahezu*. Damit es überhaupt blitzen kann, muss in der Nähe oder direkt über einem eine geradezu monströs große Wolke sein: 10 km hoch, riesig, den Himmel verdunkelnd, und ziemlich bedrohlich aussehend. Warum spielt man dann noch weiter Fußball, statt irgendwo im Innern Unterschlupf zu suchen? Weil man sich nicht der Gefahr bewusst ist, weil man denkt: »Ach, da passiert schon nichts.«

Wenn eine Unterführung im Starkregen überflutet ist, fährt man nicht hinein – denn man kann darin ertrinken.

Unser Rat ist: Bitte seien Sie vorsichtig. Nicht ängstlich, nur vorsichtig. Und nicht gedankenlos.

Nur weil Sie so etwas noch nicht erlebt haben, heißt es nicht, dass es nicht passiert.

Gewitterwolke. Foto: Jörg Holtschneider, Frankfurt am Main

Wir kommen mit Kamerateams häufig nach Unwettern in die betroffene Region, wenn zum Beispiel bei einem Gewitter die Keller vollgelaufen sind oder Dächer abgedeckt wurden. Eine typische Aussage von Betroffenen ist: »Ich wohne hier schon mein ganzes Leben, aber so etwas habe ich noch nie erlebt!« Genau! Weil so etwas statistisch gesehen auch nur einmal im Leben passiert. Viele haben Glück und erleben es nie. Aber falls es doch passiert, muss man wissen, wie man sich richtig verhält, damit man sein Leben und das seiner Familie nicht aufs Spiel setzt. Was Unwetter bei uns bedeuten können, schauen wir uns deswegen jetzt genauer an.

Gewitter *Thomas Ranft*

Die wohl häufigste Unwettergefahr geht in Deutschland von Gewittern aus. Es gibt eine Fülle an Geschichten und an Wissens-wertem zum Thema Gewitter. Und das Ereignis an sich ist natürlich beeindruckend. Ein Sommergewitter kann innerhalb einer guten Stunde quasi aus dem Nichts entstehen: Eben war da noch blauer Himmel, dann beginnt es zu quellen, nach einer guten Stunde beginnt es zu tröpfeln und ein paar Minuten später hat man das Gefühl, die Welt geht unter.

Gewitter vorhersagen? Viel Spaß. Ja, natürlich wissen wir schon Tage vorher, dass sich Gewitter entwickeln werden, weil die Zutaten vorhanden sind: warme, feuchte Luft und dazu Sonneneinstrahlung, dann kann es passieren. Aber wo? Sie müssen sich das so vorstellen: Die Sonne erwärmt den Boden und der gibt die Wärmestrahlung wieder an die darüberliegende Luft ab. So bilden sich an einem schönen Sommertag regelrechte Warmluftblasen, die aber noch am Erdboden »festhängen«. So, als wenn Sie einen Topf mit Wasser auf den heißen Herd stellen: das Wasser erwärmt sich und am Boden bilden sich Blasen. Aber wo entsteht die erste Blase im Topf, und wo blubbert es zuerst? Das kann man nicht vorhersagen. Wie bei der Gewitterentstehung. Denn überall hängt die Warmluft noch am Boden, aber eigentlich will sie aufsteigen, wie ein Heißluftballon. An einer Stelle nun, durch die Bewegung eines Baumes, durch ein vorbeifahrendes Auto oder irgendwelche anderen Ereignisse, löst sich die Warmluftblase vom Boden und steigt nach oben. Jetzt ist der Anfang gemacht. Die Luft steigt auf, am Boden wird von der Umgebung Luft angesaugt, die natürlich auch warm ist und auch nach oben steigt. An dieser einen Stelle, wo vielleicht gerade noch ein Auto durchfuhr, haben wir jetzt einen Aufwindkanal. So etwas suchen Segelflieger, weil sie sich darin in die Höhe schrauben können. Die aufsteigende Luft kühlt sich mit jedem Höhenmeter mehr etwas ab, bis sie so kalt ist, dass das überschüssige Wasser auskondensiert und Tröpfchen entstehen. Von unten kommt immer mehr Nachschub an warmer, feuchter Luft, die Wolke quillt weiter, wie ein schnell in die Höhe wachsender Blumenkohl: es entsteht ein Cumulonimbus, die Königin der Wolken. Gut und gerne 10 km hoch, mit dem charakteristischen Schirm an der Spitze, weil sie so hoch ist, dass sie an die Wettergrenze stößt. Diese funktioniert in etwa wie ein Deckel: es geht nicht höher, deswegen weichen die Luft und die Feuchtigkeit seitlich aus. In dieser Höhe herrschen minus 50 Grad, unten ist es noch warm. In der Wolke selbst: Auf- und Abwinde, enorme Wassermassen, gut und gerne mehrere Hunderttausend Tonnen, in manchen Superzellen lagern sogar über eine Million Tonnen Wasser!

Von außen betrachtet sieht so eine Wolke majestätisch aus – ganz weiß. Wenn man darunter steht, ist es allerdings arg dunkel. Kein Wunder, denn bei so viel Wasser über einem schafft es das Sonnenlicht nicht mehr hindurchzudringen.

Übrigens auch keine Satellitensignale mehr. Deswegen ist bei SAT-Anlagen der Empfang während eines Gewitters oft ge-

Fridolin Checkbox

Wo wird gewarnt?

Unwetterwarnungen und ein aktuelles Regenradar finden Sie zum Beispiel in der App »WarnWetter« des Deutschen Wetterdienstes, aber natürlich auch auf www.wetter.tagesschau.de oder www.allewetter.hr.de. Grundsätzliche Warnhinweise und aktuelle Katastrophenwarnungen erhalten Sie in der App »NINA« des Bundesamtes für Bevölkerungsschutz und Katastrophenhilfe: www.bbk.bund.de

stört, und auch Fernsehübertragungen können gestört werden, weil das Kamerasignal vom Übertragungswagen nicht mehr gesendet werden kann.

Was gehört zu einem Gewitter noch dazu? Natürlich Blitze!

Geheimnisvolle Blitze

Tim Staeger

Blitze sind beeindruckende, aber auch bedrohliche Naturschauspiele. Ihre Entstehung birgt immer noch ein paar Geheimnisse.

Der amerikanische Naturforscher und einer der Gründerväter der Vereinigten Staaten Benjamin Franklin bewies bereits in den 1750er Jahren, dass Blitze elektrische Entladungen sind. Er soll Drachen in Gewitterwolken gelenkt haben, um Blitzentladungen auszulösen. Heute ist man sich einig, dass durch auf- und absteigende Wasser- und Eisteilchen in der Gewitterwolke elektrische Ladungen getrennt werden und dadurch ein enormes elektrisches Feld entsteht. Die Feldstärke kann dabei bis zu 200 000 Volt pro Meter betragen. Damit eine solch starke

Foto: //madewith.unsplash.com

Wie ein Blitz entsteht

positive Ladung
negative Ladung

Eiskristalle

Hagelkörner

elektrische Spannung entsteht, müssen große Ladungsmengen voneinander getrennt werden. Die genauen Abläufe sind dabei immer noch nicht restlos verstanden, die starken Auf- und Abwinde in einer Gewitterwolke von bis über 100 km/h sind jedoch Grundvoraussetzungen für die Ladungstrennung. Kleine Eisteilchen auf ihrem Weg in die oberen Stockwerke einer bis zu 10 km hohen Gewitterwolke stoßen mit schwereren Graupel- und Hagelkörnern zusammen, die mit Abwinden nach unten transportiert werden. Dabei gehen Elektronen von den Eiskristallen auf die Hagelkörner über, sodass sich im oberen Bereich der Wolke ein positiver, an ihrer Basis dagegen ein negativer Ladungsüberschuss einstellt.

Die Natur mag keine zu krassen Ungleichgewichte und so suchen die negativen Ladungen einen Weg, um sich mit positiven zu neutralisieren. Durch eine elektrische Fernwirkung, die sogenannte Influenz, sammelt sich positive Ladung am Erdboden. Wird das Spannungsfeld zwischen Wolkenbasis und Erdboden zu groß, wird die Luft in einem ersten Schritt durch sogenannte Runaway-Elektronen ionisiert und dadurch leitfähig gemacht. Das lässt einen Blitzkanal entstehen, durch den dann die Hauptentladung des Blitzes stattfindet. Hierbei werden Stromstärken von 20 000 bis 60 000 Ampere und eine Temperatur von etwa 30 000 Grad erreicht.

Etwa 90 % der Gewitter in Deutschland finden in den Sommermonaten Juni bis August statt. In Norddeutschland ist die Blitzdichte mit knapp einem Blitz pro Quadratkilometer und Jahr deutlich geringer als im Süden, wo es jedes Jahr durchschnittlich 3 bis 5 Blitze pro Quadratkilometer gibt. Insgesamt werden in Deutschland durchschnittlich etwa 2 Millionen Blitze pro Jahr registriert. Bei heftigen Gewittern können es über einhunderttausend sein.

Die höchste Gewitteraktivität weltweit findet man in den Tropen und dort vor allem im Kongobecken in Äquatorialafrika, wo sogar über 50 Blitze pro Quadratkilometer und Jahr beobachtet werden können. In den Tropen erreichen die Gewitterwolken mit bis zu 18 km eine viel größere Höhe als hierzulande. Ausgehend von einer dadurch auch höher liegenden Wolkenbasis erreichen die Blitze dort auch meist nicht den Erdboden, sondern entladen sich zwischen den Gewitterwolken.

Blitz. Foto: Ingo Bertram, Zwingenberg

Fridolin Checkbox

Blitze

Temperatur: ca. 30 000 Grad
Dauer:
Vorentladung: ca. 0,01 s
Hauptentladung: ca. 0,00003 s (30 μs)
Länge: Erdblitze ca. 1 bis 2 km
(Tropen: 2 bis 3 km)
Wolkenblitze: ca. 5 bis 7 km
Energie: ca. 5 Milliarden Joule
(entspricht der in 150 l Benzin enthaltenen Energiemenge)

Wird man dagegen hierzulande von einem Gewitter im Freien überrascht, sollte man keinesfalls Buchen suchen und auch keine Linden finden, sondern alle Bäume meiden, nicht nur Weiden. Denn Blitze schlagen vorzugsweise an exponierten Stellen ein. Am besten begibt man sich in ein Gebäude oder zumindest in ein Auto, welches die Blitzladung außen an der Karosserie ableitet – man sollte jedoch möglichst keine Metallgegenstände anfassen. Schafft man es nicht mehr in ein Auto oder ein Gebäude, so geht man in die Hocke und stellt die Füße eng zusammen, bis das Gewitter vorbei ist. Denn auch der Strom, der sich um einen Blitzeinschlag im Erdboden verteilt, kann gefährlich werden. Je größer der Abstand der Füße am Boden ist, desto größer ist auch die sogenannte Schrittspannung. Es sind schon etliche Kühe auf der Weide nach einem nahen Blitzeinschlag Opfer des großen Abstands ihrer Hufe geworden. Aus diesem Grund empfiehlt es sich auch nicht, während eines Gewitters auf einem Pferd zu sitzen.

Aber neben Blitzen lauern während eines Gewitters durchaus noch weitere Gefahren, wie Thomas zu berichten weiß.

Starkregen *Thomas Ranft*

Also, runter vom Pferd und ab in Deckung! Wobei Blitze ja nur eine von vielen Gefahren in einem Gewitter sind.

Das, was uns am häufigsten zu schaffen macht, sind die heftigen Regengüsse. Wir sind zwar nicht aus Zucker, aber es stellt schon eine Ausnahmesituation dar, wenn die Niederschlagsmenge pro Quadratmeter in weniger als einer Stunde auf 20, 30, teilweise über 50 l Wasser steigt. Fünf volle Wassereimer pro Quadratmeter? Solche Wassermassen können nicht mehr gefahrlos versickern, dafür ist auch keine Kanalisation ausgelegt. Das Wasser steht auf der Straße, läuft in Keller, Unterführungen, Tiefgaragen. Ein kleiner Bach, eher ein Rinnsal, kann dann in wenigen Minuten einen Pegel von 2 m erreichen – und nach einer Stunde ist es wieder ein Rinnsal.

In solchen Situationen können Sie nur eines tun: Bringen Sie sich in Sicherheit, denn bereits wenn das Wasser knöchelhoch (!) steht, können Sie bei starker Strömung nicht mehr stehen und weggerissen werden. Man kann sich das kaum vorstellen, aber Wasser kann unglaublich gefährlich sein. Dazu kommt, dass von dem Wasserdruck Kanaldeckel hochgedrückt werden –

es sind also Löcher im Boden, die Sie natürlich nicht sehen, denn das Wasser ist dreckig und darin schwimmen die unterschiedlichsten Dinge.

Bringen Sie sich einfach in Sicherheit, denn Gewitter bedeutet: Es kommt schnell, aber es geht auch schnell wieder. Und dann erst geht's ans Aufräumen.

Nun fällt aus so einer Gewitterwolke ja nicht immer nur flüssiges Wasser. Schon mal einen Hagelschaden gehabt, Tim?

Fridolin Checkbox

Extremer Regen

DWD-Unwetterwarnungen bei
heftigem Starkregen:
    über 25 l/m² in 1 h
ergiebigem Dauerregen:
    über 40 l/m² in 12 h
    über 50 l/m² in 24 h

Regenrekord weltweit:
1 Stunde: 304,8 l/qm
(Holt, USA, 22.06.1947)
1 Tag: 1.870 l/qm
(Cilaos, Reunion, Afrika, 15.–16.03.1952)

Regenrekord Deutschland:
1 Tag: 312 l/qm (Zinnwald, 12.–13.08.2002)
1 Jahr: 3503 l/qm (Balderschwang, 1970)

Hagelkörner – die Zwiebeln der Lüfte

Tim Staeger

Ich hatte bisher zum Glück noch keinen Hagelschaden, und hoffe, das bleibt auch so. Das kann ja schnell gehen, man muss nur zur falschen Zeit am falschen Ort sein. Mein Vater beispielsweise hatte Glück: Er fuhr am Abend des 12. Juli 1984 mit dem PKW von München nach Stuttgart und war dadurch gerade nicht mehr am falschen Ort. Denn kurze Zeit später zog über der Stadt ein verheerendes Hagelunwetter auf, in dessen Folge über 70 000 Gebäude und 200 000 Fahrzeuge beschädigt wurden. Noch Jahre später verrieten gleichmäßig verbeulte Autos: »Ich war dabei.«

Hagel ist immer wieder ein beeindruckendes und gefürchtetes Wetterphänomen. Den Bauern wird die Ernte verhagelt, dem Autofahrer die Windschutzscheibe zertrümmert und die Ziegel liegen mitunter plötzlich im Vorgarten. Bei extremem Hagelschlag fallen Eisklumpen vom Himmel, die bis zu einer Größe von Tennisbällen anwachsen können und auch für Leib und Leben eine Gefahr darstellen. Man darf sich fragen, welche Kräfte hier am Werk sind.

Ein Fundamentalprinzip der Natur ist die Energieerhaltung. Demnach geht keine Energie verloren, sondern wird nur in verschiedene Formen umgewandelt. So besitzt ein friedlich auf einer Fensterbank ruhender Blumentopf sogenannte potenzielle Energie aufgrund seiner Höhe. Wird er jedoch aus Versehen von dort heruntergestoßen, so wird diese in Bewegungsenergie umgewandelt. Und wenn er dann auf der Straße aufschlägt, wird diese Bewegungsenergie wiederum in Wärme umgewandelt, welche dann der Umgebung zugeführt wird.

Vergleichbare Prozesse können in der Atmosphäre unter besonderen Umständen faustgroße Eisklumpen entstehen lassen. Die Moleküle des Wasserdampfes in einer feuchtwarmen Luftmasse enthalten sehr viel Bewegungsenergie, da sie sich frei bewegen können. Entsteht nun ein Gewitter, so kondensiert dieser Wasserdampf und es bilden sich die typischen hochreichenden Gewitterwolken. Da die Wassermoleküle im flüssigen Aggregatzustand sehr eng und unbeweglich aufeinandersitzen, haben sie einen großen Teil ihrer Bewegungsenergie in Form von Wärme an die sie umgebende Luft abgegeben. Diese Luft steigt nun weiter auf, wodurch weitere Feuchtigkeit kon-

Zwiebelprinzip der Hagelentstehung

densiert und der Auftrieb damit nochmals verstärkt wird.

In besonders großen Gewitterzellen können diese Aufwinde weit über 100 km/h erreichen. Dadurch werden Regentropfen nach oben in kältere Luftschichten gehoben, wo sie zu kleinen Eisklumpen gefrieren. Diese sinken wieder ab und es lagert sich eine neue Wasserschicht nach dem Zwiebelprinzip an, welche beim erneuten Aufstieg ebenfalls gefriert. Dabei wird das Hagelkorn mit jedem erneuten Aufstieg schwerer und gelangt dadurch nicht mehr so hoch hinauf. Dieses Spiel kann so lange weitergehen, bis das Hagelkorn aus dem Bereich der starken Auf- und Abwinde herausdriftet oder schlichtweg zu schwer geworden ist.

Somit hängen Größe und Gewicht eines Hagelkorns von der Stärke der Aufwinde ab, welche in der Gewitterwolke herrschen. Am 29. Juni 2006 fielen in Villingen-Schwenningen Hagelklumpen mit einem Durchmesser von bis zu 12 cm vom Himmel und verursachten innerhalb von nur 20 Minuten einen Schaden von geschätzten 150 Millionen Euro. Beim Hagelunwetter vom 12. Juli 1984 in München betrug der Schaden sogar schätzungsweise umgerechnet 750 Millionen Euro. Der bisher größte Hagelklumpen, zumindest auf dem nordamerikanischen Kontinent, wurde im US-Bundesstaat South Dakota gefunden. Er hatte nach offiziellen Angaben der US-amerikanischen Wetterbehörde NOAA einen Durchmesser von 20,32 cm und wog 875 g.

Sturm *Thomas Ranft*

Nur weil wir Luft nicht sehen, heißt das noch lange nicht, dass sie nichts wiegt. Tatsächlich wiegt Luft rund 1 kg pro Kubikmeter. Das ist im Vergleich zwar nur ein Tausendstel von dem, was Wasser pro Kubikmeter wiegt, aber die Menge macht es.

Wenn Sie sich als Erwachsener bei einer Windgeschwindigkeit von 60 km/h in den Wind stellen (das ist zwar ein sehr kräftiger Wind, aber noch kein Sturm), verdrängen Sie pro Minute etwa eineinhalb Tonnen Luft!

Und jetzt stellen Sie sich ein Gewitter vor, die riesige Wolke, in der Auf- und Abwinde mit teils über 100 km/h herrschen, wo Luft mit Hagel und Regen nach unten gerissen wird, die dann am Boden seitwärts wegweht und einen teilweise schlagartig trifft.

Sturmschäden bei einem Gewitter können verheerend sein. Tim ordnet das für uns mal ein.

Windstärken *Tim Staeger*

Was verbirgt sich eigentlich hinter stürmischen Böen, orkanartigen Böen & Co?
Bei Sturmlagen ist im Wetterbericht immer wieder von Sturmböen oder Orkanböen die Rede. Doch was bedeuten diese Begriffe eigentlich genau? Die meisten müssen hier passen, sofern sie nicht besonders am Wetter interessiert sind. Deswegen sollen die unterschiedlichen Windstärken hier ein bisschen genauer unter die Lupe genommen werden.
Windgeschwindigkeit wird in unterschiedlichen Einheiten angegeben. Da wären zunächst einmal die Windstärken von 1 (Windstille) bis 12 (Orkan), die auch Beaufort (abgekürzt Bft) genannt werden. Der Name dieser Einteilung geht auf den britischen Admiral Sir Francis Beaufort zurück, der eine bereits von dem Ingenieur John Smeaton entwickelte und von dem Hydrografen Alexander Dalrymple weiterentwickelte Skala zur Beschreibung der Auswirkung unterschiedlicher Windstärken während seines Kommandos auf dem Schiff Woolwich im Jahre 1806 angewendet hat, um einzuschätzen, welche Segel bei einem Vollschiff bei der entsprechenden Windstärke zu setzen sind.
Zudem wird die Windgeschwindigkeit in Metern pro Sekunde, Kilometern pro Stunde und Knoten angegeben. Um die Verwirrung noch zu steigern, wird noch zwischen dem Mittelwind und den Spitzenböen unterschieden. Denn bei starkem Wind ist die Luftströmung sehr turbulent. Das lässt sich mit einem Gebirgsbach vergleichen, dessen Oberfläche normalerweise glatt ist, nach einem ergiebigen Regen jedoch stark gekräuselt und unübersichtlich erscheint. Beim Wind äußert sich dieser Effekt in ei-

Fridolin Checkbox

Stürmisch

Sturm
ab Windstärke 9, 75 km/h, 20,8 m/sec

Orkan
ab Windstärke 12, 117 km/h, 32,7 m/sec

Höchste gemessene Windgeschwindigkeit:
 Weltweit: 416 km/h
 (Mt. Washington, USA, 12.04.1934)
 Deutschland: 335 km/h
 (Zugspitze, 12.06.1985)

nem Wechsel relativ ruhiger Phasen und plötzlichem Auffrischen.
Diese sogenannten Windböen verursachen den größten Schaden und sollten dementsprechend möglichst gut abgeschätzt werden. Im Folgenden sind die Benennungen der Spitzenböen mit den zugehörigen Windgeschwindigkeiten und dem zugehörigen Zerstörungspotenzial in Verbindung gebracht:
Stürmische Böen: Windstärke 8, 62 bis 74 km/h. Große Bäume werden bewegt, Fensterläden geöffnet und Zweige brechen ab.
Sturmböen: Windstärke 9, 75 bis 88 km/h. Äste brechen ab, kleinere Schäden an Häusern entstehen, Ziegel und Rauchhauben werden von Dächern gehoben, Gartenmöbel werden umgeworfen und verweht, das Gehen wird erheblich erschwert.
Starke Sturmböen: Windstärke 10, 89 bis 102 km/h. Bäume werden entwurzelt, Baumstämme brechen, Gartenmöbel werden weggeweht, größere Schäden an Häusern entstehen.
Orkanartige Böen: Windstärke 11, 103 bis 117 km/h. Es kommt zu schweren Schäden an Wäldern (Windbruch), Dächer werden abgedeckt, Autos werden aus der Spur ge-

Es zieht ein Sturm auf. Foto: Andrea Mey, Lollar

worfen, dicke Mauern werden beschädigt, Gehen ist unmöglich.

Orkanböen: Windstärke 12, über 117 km/h. Es kommt zu schwersten Sturmschäden und Verwüstungen; kommen aber im Landesinneren in den Niederungen nur sehr selten vor.

Gefahren im Sturm
Thomas Ranft

Ich glaube, jedes Kind weiß, dass man bei Sturm nicht im Wald unterwegs sein sollte. Ein Studiogast hat mir einmal ganz unvermittelt gesagt: »Sie bemerken den Baum erst, wenn er Sie trifft.« Und das ist leider die Wahrheit. Stellen Sie sich einen Sturm im Wald vor: Alle Bäume bewegen sich, der Wind peitscht, die Äste biegen sich, es ist laut. Das Knacken des Baumes geht im Getöse regelrecht unter, Sie haben keine Möglichkeit auszuweichen.

Und dabei muss Sie nicht einmal der ganze Baum treffen. Bereits ein ganz normaler Ast, der abbricht und aus 20 m in die Tiefe stürzt, kann lebensgefährlich sein. Übrigens nicht nur während des Sturms, sondern auch danach, denn abgerissene Äste können noch lose in der Baumkrone

hängen und erst Tage später herunterfallen. Deswegen sollte man nach einem Sturm erst dann wieder in den Wald gehen, wenn das Forstamt alle Wege freigegeben hat.

Normale Stürme können schon dramatische Folgen haben, es gibt allerdings auch eine Sonderform, die Menschen seit jeher fasziniert, oder sollte ich besser sagen: erschreckt? Ich rede von Tornados. Spektakuläre Wirbel, die je nach Intensität nicht nur Häuser und Bäume zerstören, sondern auch ganze Züge in die Luft saugen können. Die höchsten Windgeschwindigkeiten weltweit werden in Tornados gemessen, und durch die Rotation auf kleinem Raum ist die Zerstörungskraft unglaublich.

Tornados *Tim Staeger*

Tornados, die auch als Großtromben oder als Wind- oder Wasserhosen bezeichnet werden, entstehen bei schweren Gewittern. Im Gegensatz zu Tropischen Wirbelstürmen oder Orkanen sind Tornados durch ihre kleine räumliche Ausdehnung von wenigen Metern bis zu etwa einem Kilometer, und durch ihre vergleichsweise kurze Lebensdauer von wenigen Sekunden bis maximal etwa einer Stunde charakterisiert.

Tornado

Jedoch kann ihre Zerstörungskraft gewaltig sein. Mit kurzzeitig auftretenden Windgeschwindigkeiten von bis zu 500 km/h übertreffen Sie in dieser Hinsicht die stärksten Taifune um etwa das Doppelte. Die Zuggeschwindigkeit liegt bei etwa 50 km/h, in Ausnahmefällen sogar bei über 100 km/h. Durch das plötzliche Auftreten ist eine Vorwarnung, wenn überhaupt, oft nur Minuten vor dem Ereignis möglich.

Die Stärke von Tornados wird anhand der Fujita-Skala in sechs Klassen eingeteilt. Hierbei sind F0-Tornados die schwächsten und am häufigsten auftretenden, die F5-Tornados sind entsprechend am verheerends-

ten und wurden nur etwa in einem Prozent der Fälle beobachtet. Insgesamt zählt man in den Vereinigten Staaten etwa 1200 Tornados pro Jahr, in Deutschland immerhin noch mehrere Dutzend, die Dunkelziffer ist jedoch recht hoch.

Tornados entstehen immer bei kräftigen Gewittern, in den USA meist in sogenannten Superzellen, die langsam in Rotation versetzt werden. Durch Aufwinde wird die Rotationsachse aus der Horizontalen in die Senkrechte quasi aufgestellt und dabei zudem stark verdichtet. Die Folge sind mitunter extrem zerstörerische Tornados.

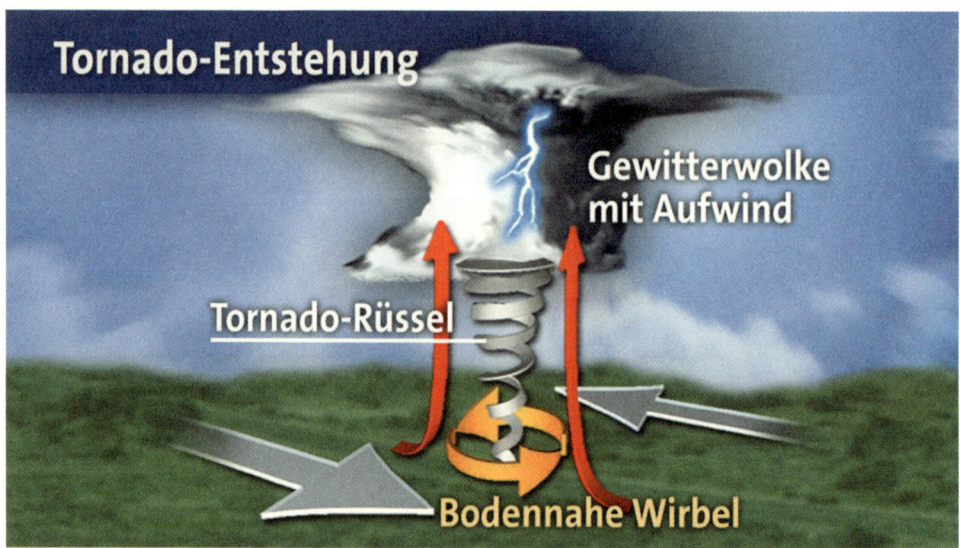

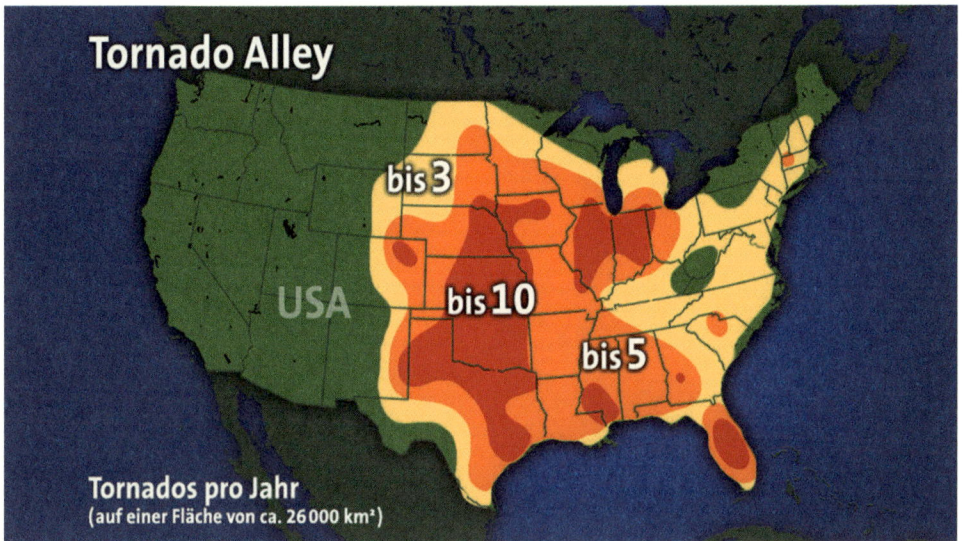

Tornado Alley

bis 3

USA

bis 10

bis 5

Tornados pro Jahr
(auf einer Fläche von ca. 26000 km²)

Die schweren Gewitter entstehen durch das Aufeinandertreffen stark unterschiedlich temperierter Luftmassen, wobei die warme Luft auch die zur Gewitterbildung notwendige Feuchtigkeit mitbringt. Diese extremen Unterschiede können bevorzugt im Mittleren Westen der USA auftreten, da dort vor allem im Frühsommer feuchtwarme Luftmassen vom Golf von Mexiko auf deutlich kältere Luft arktischen Ursprungs treffen. Begünstigt wird dies auch durch die Nord-Süd-Ausrichtung der Rocky Mountains, welche eine natürliche Barriere für Luftströmungen darstellen, wodurch arktische Kaltlufteinbrüche bis weit nach Süden vorstoßen können.

Hierzulande entstehen Tornados dagegen bevorzugt in normalen Schauer- und Gewitterzellen, in denen der Wind in Bodennähe bereits aus unterschiedlichen Richtungen weht. Durch die in Gewitterzellen typischen starken Aufwinde werden die bodennahen Wirbel nach oben gezogen und verengt, wodurch sich ebenfalls der typische Wolkenrüssel ausbilden kann.

Während des sogenannten »Super-Outbreaks« am 3. und 4. April 1974 wurden in 13 Staaten im Süden und Mittleren Westen der USA 148 Tornados gezählt, die ins-gesamt 315 Todesopfer forderten. Im April 2011 forderten über 150 Tornados in den Südstaaten mehr als 320 Menschenleben. In Deutschland ist der F4-Tornado in Pforzheim vom 10. Juli 1968 wohl am bekanntesten, bei dem zwei Menschen ums Leben kamen und über 100 Personen verletzt wurden.

Hochwasser *Thomas Ranft*

Trotz all dieser stürmischen Geschichten rund um Gewitter gibt es bei uns in Mitteleuropa natürlich auch noch andere Wetterlagen, die uns Probleme machen können, aber nicht unbedingt immer durch Gewitter entstehen müssen: z. B. Hochwasser.

Bei Gewittern sind Hochwassersituationen immer kleinräumig, auf ein paar Kilometer begrenzt. Denn so eine Gewitterwolke hat ja meistens auch nur einen Durchmesser von ein paar Kilometern.

Nun gibt es aber Situationen, in denen es tagelang wie aus Eimern gießt. Anfangs nehmen die Böden das Wasser noch auf, bis sie gesättigt sind. Dann fließt das Wasser oberflächennah bis zu den nächsten Gewässern,

Hochwasser

kleinen Bächen, deren Pegel zuerst ansteigen. Von dort landet es in größeren Flüssen, deren Pegel schon träger reagieren. Aber wenn auch nur genug Wasser von oben nachkommt oder, wenn starker, langanhaltender Regen mit der Schneeschmelze im Spätwinter oder Frühjahr zusammenfällt, wird es auch hier kritisch.

In den vergangenen Jahrhunderten hat es immer wieder enorme Hochwasserereignisse gegeben. Viele von uns erinnern sich wohl noch an das Elbehochwasser 2002 oder das Hochwasser im Oderbruch 1997.

Das größte Hochwasserereignis Europas im vergangenen Jahrtausend war vermutlich das Magdalenenhochwasser im Jahr 1342. Die damals registrierten Pegelstände an den meisten Flüssen Europas sind bis heute Rekordwerte. Erst Wochen später wurden wieder Pegel im Normalbereich gemessen. Die meisten der damaligen Brücken wurden von den Wassermassen weggerissen.

Auch der Main war betroffen – in Würzburg wurden alle Brücken weggerissen, in Frankfurt floss das Wasser *hinter* Sachsenhausen herum! Solche Wassermassen können enorme Schäden anrichten.

Denn Hochwasserfluten bestehen nicht aus klarem Wasser – es sind stinkende braune Fluten. Häuser müssen danach nicht nur getrocknet werden, in der Regel muss auch der stinkende Putz von den Wänden geschlagen werden. Das Hab und Gut, das in den Räumen war, ist samt und sonders verloren.

Für die Bewohner – soweit sie Leib und Leben retten konnten – eine Katastrophe.

Bei all den genannten Hochwasserereignissen herrschte eine Wetterlage, die Meteorologen Vb-Wetterlage nennen (spricht sich: Fünf-b). Wenn Meteorologen hören, dass so etwas im Anmarsch ist, sind sie alarmiert. Vb, Tim, was bedeutet das?

Das Vb-Tief · *Tim Staeger*

Wir Menschen ordnen die Dinge gerne, damit sie überschaubarer werden. Auch das oft so chaotische Wettergeschehen untersteht physikalischen Gesetzen und manche Randbedingungen, wie Landschaftsformen, ändern sich nur sehr langsam. Da ist es nicht überraschend, dass auch die Abläufe in der Atmosphäre bestimmten Mustern, quasi Spielarten, folgen, die sich in ähnlicher Art und Weise wiederholen.

Bereits gegen Ende des 19. Jahrhunderts teilte der deutsche Meteorologe Wilhelm Jacob van Bebber anhand der bevorzugten Zugbahnen von Tiefdruckgebieten die Großwetterlagen in fünf Klassen ein. Dabei ziehen die Tiefs der Klassen I bis IV vom Atlantik ostwärts auf das europäische Festland – mal nördlicher (Klasse I), im Winterhalbjahr auch mal südlicher, beispielsweise über die Deutsche Bucht (Klasse IV), was meist mit Winterstürmen einhergeht.

V̱b-Wetterlage

Eine Sonderstellung nimmt hierbei die Klasse V ein, denn diese Tiefs ziehen über Frankreich ins Mittelmeer (Va) und von dort je nach Unterklassen nach Nordosten (Vb), Osten (Vc) oder nach Südosten (Vd) weiter. In Verbindung mit Hochwassern sind hierzulande die berüchtigten Vb-Tiefs (sprich: Fünf-b) von besonderer Bedeutung, denn sie haben das Potential, zu historischen Unwettern auszuwachsen.

Seinen Anfang nehmen die Ereignisse meist durch Kaltluft, welche aus Nordwesten kommend über Frankreich im westlichen Mittelmeer auf feuchtwarme Luftmassen trifft. Werden diese feuchtwarmen Luftmassen angehoben und gegen die Alpensüdseite oder die Apenninen gedrückt, sind meist extreme Niederschlagsereignisse mit Erdrutschen die Folge. Wenn sich ein solches Tief aber dazu entscheidet über die Ostflanke der Alpen nordwärts zu ziehen, nachdem es sich über dem warmen Mittelmeer weiter mit Feuchtigkeit angereichert hat, so droht ein zweiter Akt des Unwetters mit Hochwassern in den Einzugsbereichen von Donau, Elbe und Rhein.

Besonders verheerend kann sich ein solches Vb-Tief auswirken, wenn ihm über Mitteleuropa quasi die Puste ausgeht und es sich dann über einem begrenzten Gebiet ausregnet. So geschehen am 12. und 13. August 2002, als an der Station Zinnwald-Georgenfeld im Erzgebirge innerhalb von 24 Stunden 312 l (oder über 30 handelsübliche Plastikeimer) Regen auf den Quadratmeter fielen – ein trauriger Wetterrekord für Deutschland.

Das hiermit in Verbindung stehende Hochwasser in Mitteleuropa gilt als eines der verheerendsten in der Geschichte, wie auch das Oderhochwasser 1997 (Gerhard Schröder in Gummistiefeln) und vor allem das zerstörerische Magdalenenhochwasser 1342.

Erwähnenswert ist auch der Sommer 1501, als wohl nach einer ganzen Serie von Vb-Tiefs im Juli und August an der Elbe und der oberen Donau von historischen Hochwassern berichtet wurde. Zuletzt kam es im Mai und Juni 2013 nach einem verregneten Frühjahr zu einer extremen Vb-Wetterlage, die in einem Gebiet von den nördlichen Ostalpen über Bayern und die Tschechische Republik bis ins Erzgebirge und den Südwesten Polens Jahrhundert-Hochwasser verursachte. All dies verbirgt sich also hinter der verwaltungstechnisch harmlos klingenden Bezeichnung Vb-Tief.

WETTER DER WELT

Hinaus in die weite Welt *Thomas Ranft*

In diesem Kapitel nehmen wir die mitteleuropäische Brille ab und schauen über den deutschen Tellerrand hinaus. Denn Wetter findet überall auf der Welt statt, und meistens ist es spürbar anders als bei uns. Wir wollen allerdings nicht haarklein alle Klimazonen und Wetterphänomene beleuchten, sondern ein paar Impressionen liefern. Ein bestimmtes Klimaphänomen z. B. macht zwar auch in Deutschland immer wieder von sich hören, scheint uns aber nicht so recht zu betreffen. Dafür scheint es in weiten Teilen der Erde vorzukommen, über Monate anzudauern und dadurch Langfristprognosen möglich zu machen, die aber in den betroffenen Regionen alles andere als erfreulich aufgenommen werden. Halt, ich muss mich verbessern – eigentlich ist es gar nicht nur ein Phänomen, es sind derer zwei, Geschwister sozusagen: El Niño und La Niña. Beim einen reden wir über zu warmes Wasser, beim anderen über zu kaltes – genaue Gegensätze also. Reden wir nicht weiter um den heißen Brei herum: Tim erklärt uns das Phänomen El Niño, das alles andere als eine schöne Bescherung ist ...

El Niño – das Christkind *Tim Staeger*

Warmes Meerwasser im Pazifik verursacht Wetterkapriolen rund um den Globus.
Seinen Namen leitet El Niño (spanisch für Christkind) von der Tatsache ab, dass es häufig um die Weihnachtszeit zu einer Erhöhung der oberflächennahen Wassertemperatur vor den Küsten Ecuadors und Perus kommt. Heutzutage steht der Name jedoch eher für die alle paar Jahre einsetzende, besonders starke Erwärmung weiter Teile des tropischen Pazifiks, die weitreichende Wetterkapriolen auslösen.
Während des letzten extrem starken El Niño 2015/16 erblühte die Atacamawüste in Chile und Peru, eine der trockensten Regionen der Erde. Gleichzeitig herrschte in weiten Teilen Indonesiens und Australiens eine verheerende Dürre, die zu riesi-

Die Erde aus dem All, © Eumetsat

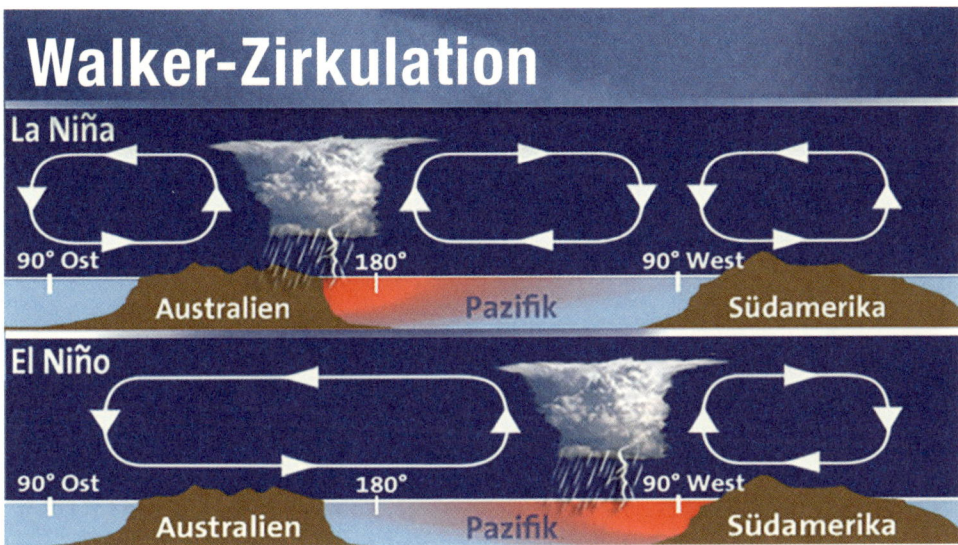

gen Waldbränden und Buschfeuern führte. Aber auch in anderen Teilen der Welt bringt er das Wetter aus dem Takt. So behindert El Niño die Entwicklung starker Hurrikane im Atlantik, führt im Nordosten Brasiliens zu Trockenheit und hat sogar Auswirkungen auf den Verlauf des Nordamerikanischen Winters: starke Winterstürme in Kalifornien, feuchtkühle Witterung im Südwesten der USA und ein ausgeprägt trockener und milder Verlauf im Norden sind zu erwarten. Sein Einfluss auf das europäische Wettergeschehen ist jedoch gering und bisher noch nicht nachgewiesen.

Doch wie kommt El Niño zustande? Normalerweise befindet sich vor der Peruanischen Küste ein Meeresgebiet, in dem kaltes und nährstoffreiches Tiefenwasser aufquillt und zur Freude der Fischer riesige Anchovis-Schwärme anlockt. Über dem kalten Wasser sinkt die Luft großräumig ab, wodurch dort normalerweise sonniges und trockenes Wetter vorherrscht. Die absinkende Luft ist Teil einer riesigen atmosphärischen Zirkulation, der nach ihrem Entdecker benannten Walker-Zirkulation, welche sich innerhalb der Tropen rund um den Globus erstreckt. Die vor der südamerikanischen Küste absinkende Luft strömt

in tieferen atmosphärischen Schichten nach Westen über den Pazifik und drückt quasi das oberflächennahe warme Wasser in Richtung Indonesien und Australien, wo die Luft über dem warmen Ozean aufsteigt und dabei verbreitet für Niederschläge sorgt. Dies ist quasi der Normalzustand.

Alle paar Jahre lassen die beständigen Passatwinde nach und in der Folge schwappt nun sozusagen das warme Oberflächenwasser nach Südamerika zurück, wodurch sich die Verhältnisse auch in der Atmosphäre umkehren: In Indonesien bleibt der Regen aus und an der Westküste Südamerikas kommt es zu extremen Regengüssen, die dort Schlammlawinen auslösen. Zudem finden die Fische in dem wärmeren Wasser nicht mehr genug Nahrung und wandern ab, wodurch ein wichtiger Industriezweig in die Krise rutscht.

Das letzte extreme Ereignis fand 2015/16 statt und war neben denen in 1997/98 und 1982/83 eines der drei stärksten in historischer Zeit. Das Jahrhundert-Ereignis von 1997/98 forderte weltweit etwa 23 000 Todesopfer und verursachte einen geschätzten Schaden von 33 Milliarden Dollar.

Jetzt dürfen Sie frösteln ... *Thomas Ranft*

Sagen Sie, frieren Sie schnell? Wenn Sie mit Ja antworten, ist die Wahrscheinlichkeit relativ hoch, dass Sie eine Frau sind. Und das ist jetzt alles andere als abwertend gemeint. Tatsächlich frieren Frauen in der Regel schneller als Männer, weil sie im Durchschnitt weniger Muskelmasse haben. Muskeln produzieren in erster Linie Wärme, und erst in zweiter Linie bewegen sie etwas. Muskeln sind unsere körpereigene Heizung, ohne die wir die Körpertemperatur von ca. 37 Grad selbst bei angenehmen plus 25 Grad Außentemperatur nicht aufrechterhalten könnten. Diese Heizkörper sind unverzichtbar. Über den Kopf geht übrigens ein Großteil der Körperwärme verloren. Deswegen hilft eine Mütze auch so gut, wenn man nicht frieren möchte. Auch auf dem Sofa übrigens. Wenn Sie kalte Füße haben, setzten Sie eine Mütze auf, oder eine Kapuze! Es klingt zwar verrückt, wirkt aber tatsächlich, denn wenn über den Kopf weniger Körperwärme entweicht, bleibt am Ende auch mehr Wärme für die Füße übrig. Das ist wohl auch mit ein Grund dafür, warum man früher wie Onkel Fritz aus »Max und Moritz« mit Zipfelmütze ins Bett ging. Dann blieb der ganze Körper wärmer. Generell kann der Mensch sich aber ganz gut akklimatisieren. Im Januar ist man an Minusgrade gewöhnt und bibbert nicht gleich vor sich hin. Nachtfrost mit Werten um minus 20 Grad ist in einigen Regionen Deutschlands jedoch schon rekordverdächtig. Unter minus 25 Grad fallen die Temperaturen vielerorts erst gar nicht. Übrigens, der deutschlandweite Kälterekord wurde im Jahr 1929 im niederbayerischen Hüll aufgestellt, mit minus 37,8 Grad – brrr. Nun kann es tatsächlich aber noch kälter werden, wie Tim weiß ...

Der sibirische Kältepol
Tim Staeger

Im Nordosten Sibiriens sind Temperaturen unter minus 50 Grad Celsius im Winter keine Seltenheit.

Hierzulande wünschen sich viele, zumindest über Weihnachten, Frost mit Schnee. Temperaturen knapp unter dem Gefrierpunkt empfänden die Einwohner von Oimjakon am sibirischen Kältepol um diese Jahreszeit jedoch wohl eher als unangenehm warm. Dort liegt die Mitteltemperatur im Dezember unter minus 40 Grad Celsius, der offizielle Rekordwert aus dem Jahr 1933 beträgt sogar minus 68 Grad.

Über dem riesigen eurasischen Kontinent, fern mildernder Ozeane, kann in den langen Polarnächten die Temperatur extrem tief absinken. Der Erdboden hat eine geringe Wärmekapazität, kann also die Wärme nur schlecht speichern und aufgrund der schieren Größe des Kontinents bildet sich in der riesigen Kaltluftmasse ein thermisches Hochdruckgebiet: das Sibirische Kältehoch. In dieser Region wurde am 31. Dezember 1968 mit 1083,8 Hektopascal auch der bisher höchste Luftdruck weltweit gemessen. Dieses sehr langlebige Druckgebilde verhindert großräumig die Zufuhr milderer Luftmassen, und die Abstrahlung vom Erdboden in die oft sternklare Polarnacht über viele Wochen hinweg lässt die Temperatur dort auf Rekordniveau absinken. Typisch für dieses extrem kontinentale Klima sind zwar auch sehr kurze Sommer – die können jedoch auch mal richtig heiß werden. Einer sibirischen Redensart nach »... ist im Juni noch kein Sommer, im Juli ist er schon vorbei«. So beträgt die höchste jemals gemessene Temperatur in Oimjakon plus 35 Grad. Der inoffizielle Kälterekord aus dem Jahr 1916 beträgt dagegen minus 81,2 Grad. Kälter wird es nur noch in der Antarktis, und so wurde mit minus 89,2 Grad Celsius die weltweit tiefste Temperatur 1983 an der russischen Forschungsstation Wostok auf dem ostantarktischen Plateau in knapp 3500 m Höhe gemessen.

Nur geringfügig milder als in Oimjakon ist es im 650 km nordwestlich gelegenen Werchojansk – mit etwa 1300 Einwohnern eine der kleinsten Städte Russlands. Dort wird die Milch nicht in Flaschen, sondern am Stück verkauft. Kältefrei bekommen die Schüler erst ab minus 50 Grad und die Motoren müssen rund um die Uhr laufen, da sie sonst nicht mehr anspringen würden. Bleibt der Wagen dennoch einmal stehen, wird unter dem Motorblock ein Feuerchen entzündet. Dass dabei so mancher Wagen in die Luft fliegt, gehört zum sibirischen Risiko.

Fridolin Checkbox

Kälterekorde

Deutschland: - 37,8 °C
12.2.1929, Hüll (Niederbayern)

Europa: - 53,0 °C
13.12.1941, Malgovik (Schweden, Lappland)

Sibirien: - 67,8 °C
6.2.1933, Oimjakon

Welt: - 89,2 °C
21.7.1983, Station Wostok, Antarktis

Welt (Satellitenmessung): - 93,2 °C
10.8.2010, Ostantarktis

Zudem stellt der Wechsel von kalt zu warm eine nicht zu unterschätzende Gefahr dar. So wird beim Betreten eines geheizten Hauses kein heißes Getränk gereicht, denn dadurch könnten die unterkühlten Lungenbläschen Verbrennungen erleiden. Stattdessen gibt es hauchdünne Scheiben gefrorenen Fleisches und natürlich eisgekühlten Wodka aus dem Schneehaufen vor der Tür.

Oimjakon in Ostsibirien

Ein Plädoyer für den Wechsel *Thomas Ranft*

Sind Jahreszeiten anstrengend? Diese Frage kann man sich schon mal stellen, wenn man jeden Herbst das Laub entsorgen muss, das im Garten liegt, wenn man im Winter den Weg streuen oder Schnee schieben muss, wenn es in den Übergangszeiten einfach mal mehrere Tage lang nur schmuddelig ist, oder wenn man nach zwei Wochen Sommerurlaub mit Sonne pur wieder im wechselhaften Deutschland landet. Nicht wenige Menschen behaupten, dass sie den Winter eigentlich nicht bräuchten, es dürfte ruhig immer warm und sonnig bleiben. Um ehrlich zu sein: Manchmal denke ich auch so. Aber auf der anderen Seite bin ich davon überzeugt, dass ein immerwährend gleiches Wetter auf Dauer wahnsinnig langweilig wäre. Die Jahreszeiten sind ein bisschen wie der Kreislauf des Lebens: Wachsen, Gedeihen, Blühen, Verblühen, Dahingehen. Der jährliche Wechsel von Willkommen und Abschied. Er fordert uns, aber er ist auch spannend und hält frisch. Aber nicht in allen Regionen gibt es Jahreszeiten – am Äquator beispielsweise. Oder kann man das so gar nicht sagen?

Gibt es am Äquator eigentlich Jahreszeiten?

Tim Staeger

Die Veränderung der Tageslänge im Laufe eines Jahres rührt von der Schieflage der Erdachse her. Diese ist um 23,44 Grad gegenüber der Ekliptik geneigt, der Ebene, in der unser Heimatplanet um die Sonne kreist. Je weiter man sich den Polen nähert, umso ausgeprägter ist dieser Effekt. Im extremsten Fall erlebt man direkt am Nord- bzw. Südpol sechs Monate Polarnacht und

sechs Monate Mitternachtssonne. In den Tropen sind diese Unterschiede hingegen verschwindend gering.

Am 21. Juni scheint in Kassel (51,3 Grad nördliche Breite) die Sonne im Durchschnitt 16 Stunden und 30 Minuten, am 21. Dezember nur 7 Stunden und 46 Minuten. Die Monatsmitteltemperatur beträgt dort im Januar 0,4 und im Juni 16,3 Grad Celsius. In Nairobi in Kenia (1,3 Grad südlicher Breite) sind es durchschnittlich 12 Stunden und 2 Minuten Sonnenschein am 21. Juni und am 21. Dezember 12 Stunden und 11 Minuten. Entsprechend sind die durchschnittlichen Temperaturen dort das ganze Jahr über fast gleich: Im Januar 19,3 und im Juni 17,7 Grad Celsius.

Trotzdem gibt es in den Tropen Jahreszeiten. Sie werden jedoch vom Niederschlag und nicht von der Temperatur gesteuert. Denn die sogenannte innertropische Konvergenzzone (ITK), ein Wolkengebiet, das starke Niederschläge mit sich bringt, pendelt im Jahresverlauf innerhalb der Tropen ungefähr in einem Bereich von etwa 20 Grad nördlich und südlich des Äquators. Wenn in Deutschland Sommer ist, befindet sich dieses Regenband auch auf der Nordhemisphäre.

Aufgrund dieser Wanderung entstehen in den Tropen Trocken- und Regenzeiten. In den inneren Tropen zieht die ITK jeweils in unserem Frühjahr und Herbst vorbei, es existieren hier also zwei Regenzeiten. In den äußeren Tropen, etwa zwischen 10 und 20 Grad nördlicher bzw. südlicher Breite, erwartet man die Regenzeit im jeweiligen Sommer.

Aus diesem Grund sind beispielsweise die heißesten Monate in der südlichen Sahara März bis April, denn im Sommer mildern Regen und Wolken die Hitze ein wenig. Entsprechend verhält es sich natürlich auch in anderen tropischen Regionen. Somit lässt sich auch nachvollziehen, warum in Khartum im Sudan auf etwa 15 Grad nördlicher Breite im März Höchstwerte um 45 Grad Celsius gemessen werden, und weshalb in Entebbe in Uganda direkt auf dem Äquator zur gleichen Zeit innerhalb von drei Tagen 150 Liter Regen pro Quadratmeter fallen. Das ist etwa dreimal so viel wie in Frankfurt am Main im gesamten März zu erwarten ist.

Zu nass oder zu trocken? *Thomas Ranft*

Dieses Kapitel heißt *Wetter der Welt*, weil wir über Phänomene reden, die bei uns in Mitteleuropa gar nicht auftreten und die wir uns teilweise gar nicht vorstellen können. Hitze, bei der man gefühlt dahinschmilzt, unglaubliche Kälte, enorme Trockenheit, die wir in Deutschland gar nicht kennen, weil es bei uns zwar in unterschiedlichen Ausprägungen, aber doch sehr regelmäßig regnet. Um eine grobe Hausnummer zu nennen: Durchschnittlich werden wir übers Jahr gerechnet an jedem dritten Tag nass. Kein Vergleich zu den vielen trockenen Regionen, in denen die Dürre bereits mehrere Jahre anhält. Schauen wir uns die Sahelzone an, dieser Streifen in Afrika, südlich der Sahara. Dort ist es viele Monate im Jahr komplett trocken, und dann fällt in einem kurzen Zeitraum Regen – teilweise heftig, und die dann herunterkommenden kräftigen Güsse landen auf einem harten ausgetrockneten Boden, der gar kein Wasser aufnehmen kann. So kommt es zu Überschwemmungen, die sogar Menschenleben fordern können. Und das in einer Region, in der aufs Jahr gerechnet zwischen 10 und 100 Liter Regen pro Quadratmeter fallen. Zum Vergleich: In Deutschland sind es durchschnittlich etwa 900 Liter. In vielen solcher Regionen, in denen sowieso schon Wassermangel herrscht, nimmt die Bevölkerung weiter zu. Um diese ernähren zu können, muss entsprechend mehr Ackerbau betrieben werden, für den jedoch mehr Wasser benötigt wird, als vorhanden ist. Es gibt zahlreiche Entwicklungshilfeprojekte, die die Menschen in der Region dabei unterstützen sollen, sinnvoll und sparsam mit Wasser umzugehen. Manchmal kommt das einem vor wie der Kampf gegen die berühmten Windmühlenflügel. Aus der Sahelzone gibt es aktuell aber tatsächlich eine gute Nachricht: sie wird wohl insgesamt grüner. Ob es daran liegt, dass es viele Aufforstungsprojekte gibt, damit Pflanzen das Wasser speichern, oder daran, dass in den vergangenen Jahren mehr Regen fiel? Wir schauen uns jetzt eine Region an, in der nicht zu wenig, sondern deutlich zu viel Wasser fällt, und zwar regelmäßig ...

Indischer Monsun
Tim Staeger

Wieso verursacht der Monsun so extreme Regenfälle?
Die regelmäßige Wiederkehr des indischen Monsuns liegt in den meteorologischen Besonderheiten der Tropen begründet. Denn aus den wolkenarmen Hochdruckgürteln der Subtropen strömt kontinuierlich Luft von Nordosten und Südosten in Richtung Äquator. Diese beständigen Winde nutzten in früheren Jahrhunderten die Seefahrer für ihre Passagen in die Neue Welt, weswegen man auch von den Passatwinden spricht.
Dort wo die Passate zusammenstoßen, müssen die Luftmassen nach oben ausweichen, wodurch es in dieser sogenannten innertropischen Konvergenzzone (ITK) zu ausgeprägter Hebung mit entsprechend starken Regenfällen kommt. Die ITK wandert im Jahresverlauf, dem Sonnenhöchststand folgend, von etwa 10 Grad südlicher Breite im Südsommer auf etwa 10 bis 15 Grad nördlicher Breite im Nordsommer. Nun führt die Aufheizung des indischen Subkontinents im Nordsommer dazu, dass dort die ITK weit nach Norden ausgebuchtet wird.

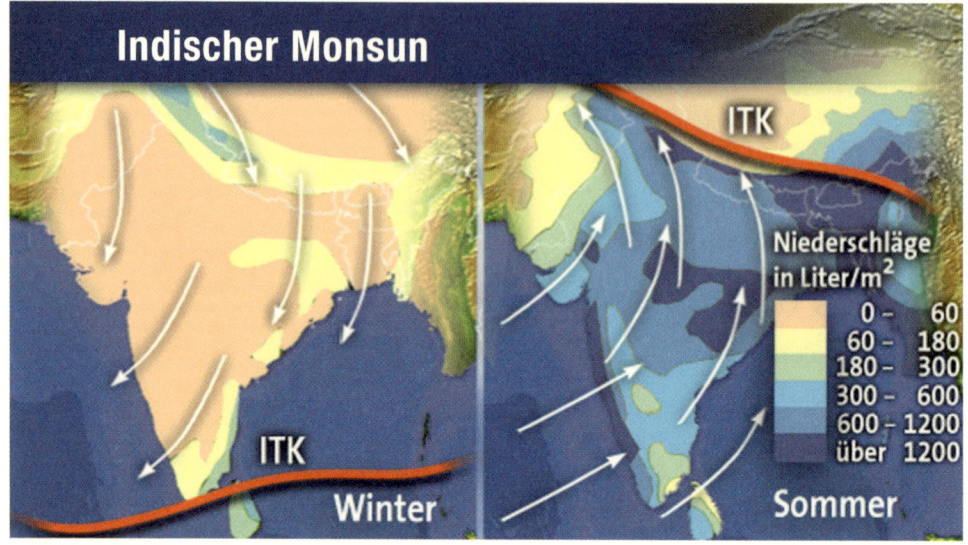

Aufgrund der Erddrehung erfahren die großräumigen Passatwinde, die vom hohen zum tiefen Druck strömen, eine Ablenkung, die auf der Nordhalbkugel nach rechts und auf der Südhalbkugel nach links wirkt. Überschreitet der Südostpassat den Äquator, so wirkt die Erddrehung nun genau entgegengesetzt auf die Winde, sodass diese ihre Richtung ändern müssen und dann aus Südwesten kommend die Niederschläge nach Indien bringen. Dabei wandert die Grenze des Monsunregens von Südosten über den Golf von Bengalen bis in den Nordwesten Indiens.

Die heftigsten Regenfälle gibt es dabei direkt an den Hängen des Himalayas, wo die mit Feuchtigkeit voll beladenen Wolken abregnen. Der Weltrekord der innerhalb eines Jahres gefallenen Niederschlagssumme stammt aus Cherrapunji im nordindischen Bundesstaat Meghalaya nahe dem Himalaya. Hier wurden zwischen dem 1.8.1860 und dem 31.7.1861 pro Quadratmeter 24 461 Liter Niederschlag gemessen. Das entspricht einer Wassersäule von über 24 Metern! Zum Vergleich: In Deutschland liegt die jährliche Niederschlagsmenge je nach Region zwischen etwa 600 und 1200 Litern pro Quadratmeter.

Reicht das Wasser?

Thomas Ranft

Würden Sie an einen Ort reisen, der den Regen-Weltrekord aufgestellt hat? Ich hatte mal einen Fotografen als Studiogast bei *alle wetter!*, der in Cherrapunji arbeitete. Er brachte faszinierende Bilder von Menschen mit, die in diesem bergigen Urwald leben. Sie tragen Hüte, die aus einer Art Bast geflochten sind und keine Krempe haben, sondern rundherum mehrere nach unten zeigende Zipfel, an denen das Wasser ablaufen kann. Die abstehenden Zipfel sorgen dafür, dass einem das Wasser nicht in den Kragen läuft. Um zu verstehen, wie extrem diese Niederschläge sind, erzählte mein Gast, dass er zwar schon mit einem sehr geländegängigen Fahrzeug unterwegs war, einem Landrover, man allerdings aufgrund des heftigen Regens nicht durch die Frontscheibe schauen konnte. Also fuhr man mit Schrittgeschwindigkeit und streckte den Kopf durch das geöffnete Seitenfenster, um so noch den Straßenrand erkennen zu können.

Cherrapunji liegt in einer Höhe von knapp 1500 m, und der Regendurchschnitt im langjährigen Mittel beträgt in der Region

Fridolin Checkbox

Regenrekorde

Platzregen:
Deutschland: 126 l/m² in 8 min
25.5.1920, Füssen
Welt: 38,1 l/m² in 1 min
26.11.1970, Guadeloupe (frz. Antillen)

Tagessumme:
Deutschland: 312 l/m²
12.8.2002, Zinnwald (Erzgebirge)
Welt: 1870 l/m²
16.3.1952, Cilaos (Réunion)

Jahressumme:
Deutschland: 3503 l/m²
1970, Balderschwang
Welt: 26.461 l/m²
1860/61, Cherrapunji (Nordindien)

Längste Dürre: ca. 1571 bis 1971
Calama in der Atacama-Wüste (Chile)

über 11 000 l pro Quadratmeter und Jahr. Da scheint es einem fast absurd, dass die Einwohner dieser Region teilweise unter Wassermangel leiden. Wie kann das sein? Nachdem die Einwohner die Wälder zum Teil gerodet hatten, wurde vom Wasser der fruchtbare Boden weggeschwemmt, was den Anbau von Pflanzen und die Gewinnung von Trinkwasser erschwert. Manche der Einwohner müssen kilometerweit laufen, um an frisches Trinkwasser zu kommen.

Galveston *Thomas Ranft*

Kennen Sie das kleine Städtchen Galveston auf einer langgezogenen Insel vor der texanischen Küste, im Golf von Mexiko, etwa 80 km von Houston entfernt? Vermutlich nicht, denn heute leben dort nur knapp 50 000 Einwohner. Einer der berühmtesten Bürger war der Soulsänger Barry White – Weltruhm hat das der Stadt aber nicht beschert. Dabei war Galveston im 19. Jh. auf dem Weg, sich zu einer wichtigen Metropole zu entwickeln: sie war einer der größten Häfen der USA, nirgendwo wurde mehr Baumwolle umgesetzt, man hatte bereits eine Straßenbahn, elektrisches Licht, mehrere Konzertsäle, Konsulate und zwei Telegrafengesellschaften. Zur Insel führten eine Straßen- und zwei Eisenbahnbrücken. Man nannte es das New York des Südens. Allerdings, und das war das Gefährliche, lag der höchste Punkt der Insel gerade mal 2,6 m über dem Meeresspiegel.

Wir schreiben das Jahr 1900: Vor der westafrikanischen Küste ballen sich Wolken zu einem tropischen Tiefdruckgebiet zusammen, das über den Atlantik westwärts zieht und am ersten September südwestlich von Kuba ankommt. Es zieht über Kuba hinweg und am 4. September warnen kubanische Meteorologen, dass der Sturm sich zum Hurrikan verstärken und in Richtung Texas ziehen könnte. Die US-amerikanischen Meteorologen folgen dieser Einschätzung allerdings nicht. Ein flächendeckendes Messnetz oder gar Satelliten gibt es noch nicht, und so bleibt man in Galveston ahnungslos. Am 7. September gibt der Wetterdienst zwar eine Sturmwarnung für die texanische Küste heraus, aber was tatsächlich heraufzieht, ahnt man nicht im Geringsten. Am Morgen des 8. September beginnt es heftig zu regnen, erste strandnahe Häuser werden überspült, um 12 Uhr mittags sind die Brücken bereits nicht mehr passierbar. In der Stadt weiß man zu diesem Zeitpunkt noch nicht, dass man bereits von der Außenwelt abgeschnitten, der Weg aufs rettende Festland versperrt ist. Die letzte Nachricht aus Galveston an diesem Tag stammt vom Mitarbeiter des örtlichen Wetterdienstes, der um 14:30 Uhr meldet, dass bereits die halbe Stadt unter Wasser stehe. Am späten Nachmittag und Abend rasen Windböen mit bis zu 300 km/h durch die Stadt.

Um 18:30 Uhr steigt der Wasserspiegel mit der Flutwelle innerhalb weniger Sekunden nochmal um gut einen Meter auf zeitweise viereinhalb Meter; die Stadt ist verloren. Am nächsten Tag säumen die Trümmer von über 3500 Häusern das Ufer. 8000 Menschen haben ihr Leben verloren, manche Leichen werden erst Tage später wieder an Land gespült. Heute nennt man den Galveston-Hurrikan auch »The 1900 Storm«.

Die Insel wird inzwischen von einem 16 km langen Damm geschützt und die Wettervorhersagen sind ungleich besser. Das National Hurricane Center mit Sitz in Miami ist eine Abteilung des US-amerikanischen Wetterdienstes und beobachtet mit größtmöglicher Genauigkeit die Entwicklung jedes tropischen Sturms. Neben dem klassischen Messnetz und Satellitendaten greifen sie auch auf wagemutige Piloten zurück. Die Hurricane Hunters fliegen mit speziellen Maschinen durch Hurrikane, um Daten zu sammeln, um Windgeschwindigkeiten, Ausdehnung und Zugrichtung genauer bestimmen zu können. Wir können davon ausgehen, dass die Besatzungen auf diesen Fliegern einen sehr robusten Magen haben müssen. Wie entstehen diese tropischen Wirbelstürme überhaupt?

Hurrikane, Taifune und Zyklone *Tim Staeger*

Am 29. August 2005 traf Katrina, ein Hurrikan der höchsten Kategorie 5, New Orleans und kostete dort etwa 1800 Menschen das Leben. Den Spitzenböen von über 340 km/h und geschätzten Flutwellen bis über 8 m Höhe hielten die Deiche des unterhalb des Meeresspiegels liegenden Lake Pontchartrain nicht stand und weite Teile der Stadt versanken in den Wassermassen.

Wie kann solch ein zerstörerischer Sturm entstehen? Die wichtigste Grundvoraussetzung ist eine hinreichend hohe Temperatur des oberflächennahen Meerwassers. Ab etwa 27 Grad Wassertemperatur verdunstet genug Feuchtigkeit über den Ozeanen, damit eine sogenannte tropische Depression, der Vorläufer eines Wirbelsturms, entstehen kann. Damit sich dieses Tiefdruckgebiet in Rotation versetzt, muss die ablenkende Kraft der Erddrehung wirksam werden. Das ist direkt am Äquator nicht der Fall, wie man an der Verteilung der tropischen Wirbelstürme auf der Karte gut

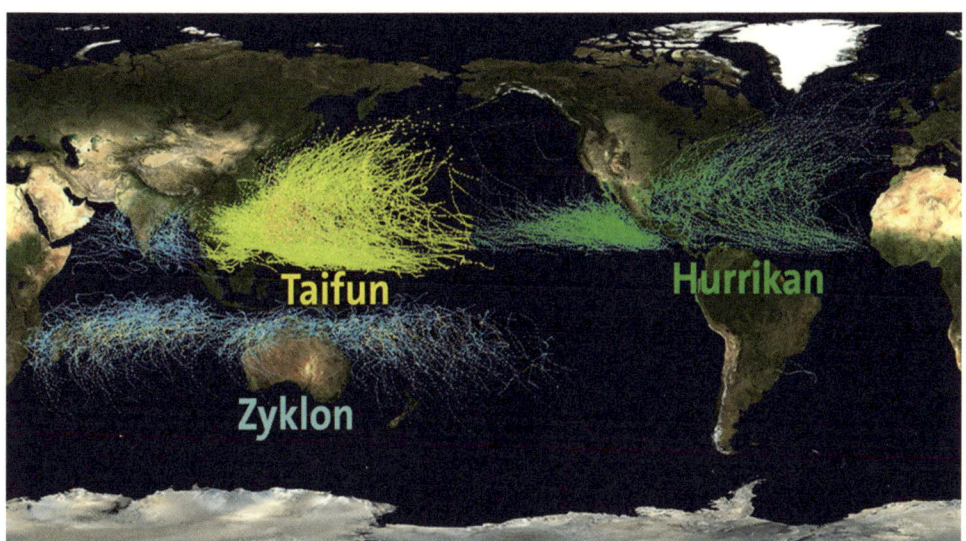

erkennen kann. Erst etwa ab 5 Grad nördlicher bzw. südlicher Breite ist die Wirkung der sogenannten Corioliskraft stark genug, um einen Wirbelsturm entstehen zu lassen. Wenn man sich die Verteilung aller zwischen 1985 und 2005 beobachteten Wirbelstürme auf der Weltkarte ansieht, so bemerkt man, dass es bestimmte Regionen mit auffällig hoher Sturmdichte gibt. Überall dort sorgen besonders warme Meeresströmungen für die notwendigen Wassertemperaturen. Die Bezeichnung Hurrikan wird für Wirbelstürme verwendet, die im Atlantik und im Ostpazifik nahe der Mexikanischen Küste ihr Unwesen treiben. Im Westpazifik, nördlich des Äquators, nennt man sie Taifun. Dort können sich aufgrund der großen freien Wasserflächen die stärksten Stürme auf diesem Planeten entwickeln. Im Indischen Ozean und südlich des Äquators schließlich nennt man sie Zyklone. Dort sind sie nicht minder zerstörerisch wie uns Zyklon »Nargis« 2008 lehrte. Ihm fielen in Birma nach amtlichen Schätzungen mindestens 77 000 Menschen zum Opfer.

Gewitter in der Ferne. Foto: Bettina Schnepf, Lich

WETTERVORHER-SAGBARKEIT

Wie wird denn eigentlich das Wetter in zwei Wochen? *Thomas Ranft*

Als Wetterfrosch hört man Fragen wie diese nahezu täglich. Und mal ehrlich, wollen Sie nicht auch wissen, wie es zu Tante Lisas Geburtstag in einem Monat wird, ob das Wetter an der Ostsee beim Sommerurlaub in drei Monaten passen wird oder ob Sie doch lieber Mallorca buchen sollen? Bei all den Computern und Satelliten, die wir benutzen, müsste das mit der Vorhersage doch eigentlich möglich sein, oder etwa nicht?

Aber fangen wir ganz vorne an. Um überhaupt ahnen zu können, wie das Wetter in nächster Zeit wird, muss man erst einmal wissen, wie es im Moment ist. Also: jetzt, hier bei mir, bei Ihnen daheim, und überall dazwischen, und natürlich auch an jedem anderen Punkt der Erde. Also quasi auf der ganzen Fläche – nein, nicht nur der Fläche, sondern dem gesamten Raum. Jeder Kubikmillimeter Luft in unserer Atmosphäre, in allen Höhenschichten ist relevant, denn schließlich ist ja jedes Luftmolekül gleich wichtig und kann gleich entscheidend sein für die Wetterentwicklung. Wenn wir uns jetzt aber die tatsächliche Situation ansehen, stellen wir fest, dass es zwar unbestritten viele Messstationen weltweit gibt, diese aber nur punktuelle Messungen ermöglichen. Und zwischen den Punkten vermuten wir nur, dass es genauso ist wie am Messpunkt. Mit Satelliten, die flächig von oben drauf schauen, versuchen wir, die Lücke zu schließen, und die Technologie wird auch immer besser. Tatsächlich aber, und das müssen wir uns eingestehen, wissen wir nicht ganz genau, wie es *jetzt* überall ist. Dafür, finde ich, bekommen wir das mit der Vorhersage schon ziemlich gut hin. Tim, kannst Du uns zeigen, wie Meteorologen weltweit messen?

Wie sammeln wir eigentlich Wetterdaten? *Tim Staeger*

Täglich werden rund um den Globus gigantische Datenmengen gesammelt, um den aktuellen Zustand des Wetters zu erfassen. Das weltumspannende Beobachtungsnetz wird von der Weltorganisation für Meteorologie (WMO) mit ihren 191 Mitgliedsstaaten betrieben und ist eines der erfolgreichsten Beispiele internationaler Zusammenarbeit. Die Menschen beobachten das Wettergeschehen wohl schon seit Jahrtausenden. Überliefert sind bis vor etwa 200 Jahren meist nur Extremereignisse wie Hochwasser, Dürren oder Sturmfluten. Erst seit etwa 300 Jahren werden, zunächst nur vereinzelt und unregelmäßig, auch Messungen meteorologischer Parameter erfasst. Das erste systematisch betriebene Messnetz der Welt wurde 1781 von der Mannheimer Me-

Eine Wetterhütte

teorologischen Gesellschaft ins Leben gerufen. Es umfasste 36 Stationen in Deutschland und dem europäischen Ausland, zwei in Massachusetts und eine auf Grönland. Es wurden hauptsächlich Temperatur, Luftdruck und Feuchte gemessen, und zwar zu den heute noch gültigen Mannheimer Stunden um 7, 14 und 21 Uhr Ortszeit.

Im 19. Jahrhundert kamen dann Wetterballone hinzu, im 20. Jahrhundert wurden zusätzlich Messungen auf Schiffen und an Bord von Flugzeugen erhoben und ab 1950 verbreitete sich zudem das Wetterradar. Quasi einen Quantensprung machte die Wetterbeobachtung in den 60er Jahren, als erste Wettersatelliten Daten aus dem All lieferten.

Heutzutage umfasst das globale Netz etwa 11 000 Bodenstationen an Land, die mindestens alle drei Stunden aktuelle Beobachtungen meteorologischer Parameter wie Luftdruck, Windgeschwindigkeit und Richtung oder Temperatur liefern. Um die Daten vergleichbar zu machen, wird nach international gültigen Standards gemessen. Dafür werden die Messinstrumente in einer Wetterhütte untergebracht. Diese ist gut durchlüftet, weiß angestrichen, um Aufheizung durch Sonneneinstrahlung zu

vermeiden, und steht in hinreichendem Abstand zu Bäumen und Gebäuden auf freiem Feld. Der Deutsche Wetterdienst betreibt 180 hauptamtliche und etwa 1800 nebenamtliche Wetterstationen, die teils von ehrenamtlichen Wetterbeobachtern betrieben werden, teils automatisiert sind.

Um Informationen aus der Vertikalen zu gewinnen, steigen weltweit täglich etwa 1300 mit Radiosonden bestückte Wetterballons bis in über 30 km Höhe auf. Zudem gibt es ungefähr 4000 Schiffe, die Messungen auf hoher See durchführen – etwa 1000 davon melden täglich. Zudem befinden sich auf den Weltmeeren noch etwa 1200 Bojen, die neben Wasser- und Lufttemperatur auch Wellen- und Meeresspiegelhöhen messen können. Im Auftrag des Deutschen Wetterdienstes funken rund 750 Handelsschiffe 255 000 Wettermeldungen jährlich.

Etwa 3000 Verkehrsflugzeuge werden weltweit als Messplattform eingesetzt. Allein 300 Maschinen der Lufthansa sind mit speziellen Geräten des Deutschen Wetterdienstes bestückt und liefern neben der Temperatur und der Windgeschwindigkeit seit 2006 auch Feuchtedaten, die über das Bodenzentrum ins weltweite Kommunikationsnetz der Meteorologen weitergeleitet

werden. Des Weiteren betreibt der DWD 17 Radarstationen, die auf Niederschlagsmessung spezialisiert sind. Dieser Radarverbund ist in den europäischen eingebunden, damit Niederschlagsgebiete auch bei Grenzüberschritten weiterverfolgt werden können. Bei den seit 2014 flächendeckend eingesetzten Geräten der neuesten Generation kann zwischen Regen, Schnee und Hagel unterschieden werden. Die Radardaten sind für die Kurzfristvorhersage und für Unwetterwarnungen unverzichtbar. Außerdem kommen Blitzsensoren zum Einsatz, welche zusätzliche wertvolle Informationen über die Verlagerung von Gewittern liefern. Last, not least liefern Wettersatelliten ständig eine Datenflut aus dem All. Dabei werden Informationen aus dem sichtbaren und dem infraroten Spektralbereich ausgewertet, aus denen Wolkenbewegung und damit auch indirekt Windgeschwindigkeiten abgeleitet werden können. Zudem können auch die Temperatur der Wolken- und der sichtbaren Erdoberfläche sowie Wasserdampfgehalt der Atmosphäre abgeleitet werden. Es gibt zwei unterschiedliche Arten von Umlaufbahnen: die polumlaufenden Satelliten ziehen ihre Kreise in etwa 800 km Höhe und umrunden unseren Planeten in etwa 100 Minuten. Dagegen stehen geostationäre Satelliten, wie der Name schon sagt, in Bezug zur Erdoberfläche scheinbar still. Sie befinden sich in 35 880 km Höhe, wo ihre Umlaufgeschwindigkeit genau mit der Erddrehung schritt hält. Sie liefern immer denselben Bildausschnitt, wie beispielsweise Meteosat-10, der genau über dem Äquator auf null Grad Länge stationiert ist.
Und wozu der ganze Aufwand? Zum einen fließen die Daten in die großen Wettermodelle ein, die auf Supercomputern die künftige Entwicklung prognostizieren. Alle sechs Stunden wird ein neuer sogenannter Computerlauf gestartet, der vom aktuellen weltweiten Wetterzustand ausgehend in die Zukunft rechnet. Je weiter man dabei in die Zukunft schaut, desto weiter entfernte Vorgänge spielen eine Rolle, da in der At-

mosphäre Wechselwirkungen über sehr große Distanzen wirken. Beispielsweise war der Ausfall einer Wetterboje vor Neufundland mitverantwortlich für die Fehlvorhersage des Orkans Lothar, der am 25. Dezember 1999 über Süddeutschland hinwegfegte und schwere Schäden anrichtete.
Zum anderen lassen sich anhand weit zurückreichender Beobachtungsreihen Rückschlüsse auf Klimaänderungen ziehen. Das Meteorologische Observatorium Hohenpeißenberg im Voralpenland ist die älteste Bergwetterwarte der Welt und misst seit 1758 meteorologische Parameter, seit 1781 täglich. Zudem wird das sogenannte Klimamonitoring aus dem All immer bedeutungsvoller, um Veränderungen auch in schwer zugänglichen Regionen, wie beispielsweise dem arktischen Meereis, erfassen und dadurch künftige Entwicklungen besser verstehen zu können.

Der Blick in die Zukunft *Thomas Ranft*

Nachdem wir jetzt wissen, wie wir das aktuelle Wetter beobachten und die Daten sammeln, wagen wir doch mal einen Blick in die Zukunft. Um es auf den Punkt zu bringen: In keinem anderen Bereich unseres Lebens versuchen wir tagtäglich, eine so verlässliche Antwort darauf zu finden, was die Zukunft bringt. Viele Menschen, vielleicht auch Sie, vertrauen so sehr auf die Wettervorhersage, dass sie völlig vor den Kopf gestoßen sind, wenn sie mal nicht stimmt. Bei all den technischen Mitteln sollten verlässliche Vorhersagen doch möglich sein, oder etwa nicht? Schauen wir im Vergleich auf die Börse. Da würde auch jeder gern wissen, was sich in Zukunft tun wird. Trotzdem wird Ihnen vermutlich niemand exakt den Dollarkurs von morgen sagen können. Wir Wetterfrösche versuchen uns aber jeden Tag an Vorhersagen, und liegen damit, wie ich finde, sogar ziemlich gut. Und im Vergleich zu den 70er, 80er und 90er Jahren sind deutliche Fortschritte zu verzeichnen. Wer weiß, vielleicht können wir in hundert Jahren endlich 4-Wochen-Vorhersagen machen?

Die Grenzen der Wettervorhersage

Tim Staeger

Mit Hilfe von Wetter-Apps kann man mittlerweile die Vorhersage für die kommenden zwei Wochen abrufen. An anderer Stelle umfasst der Wettertrend nur die kommenden drei bis vier Tage. Wie weit reicht denn nun der Vorhersagehorizont und wie zuverlässig sind langfristige Prognosen?

Das Wetter spielt sich etwa in den untersten 10 km der Atmosphäre ab. Ziel der computergestützten, sogenannten numerischen Wettervorhersage besteht darin, den aktuellen Zustand dieser Wettersphäre zu erfassen und mit Hilfe physikalischer Gesetze in die Zukunft fortzuschreiben. Hierbei sieht man sich mit einer ganzen Reihe von Schwierigkeiten konfrontiert. Wenn man wissen möchte, ob es in den nächsten

15 Minuten regnen wird, reicht es oft aus, das Radarbild in einer Umgebung von wenigen Kilometern um seinen Standort zu betrachten und anhand der Zugrichtung der Niederschlagsgebiete abzuschätzen, ob man den Regenschirm zuhause lassen kann. Bei der Entwicklung eines nachmittäglichen Gewitters kann dieses Verfahren bereits unzuverlässig sein. Möchte man jedoch eine Wettervorhersage für die nächsten drei Tage erstellen, so braucht man Informationen über das aktuelle Wetter weltweit, da sich innerhalb dieses Zeitraums weit entfernte Entwicklungen auf das hiesige Wetter auswirken können.

Messungen werden rund um den Globus an vielen Tausend Stationen vorgenommen, dazu kommen riesige Datenmengen von Satelliten, Radargeräten, Bojen und Wetterballons. Jedoch sind die Wetterabläufe so komplex, dass aus kleinsten Veränderungen im Laufe von Stunden und Tagen völlig andere Wetterlagen entstehen können.

Aufwändige Computermodelle berechnen nun, ausgehend vom Anfangszustand, also den Verhältnissen zum Zeitpunkt der Messung, an möglichst vielen Orten in der Atmosphäre die zukünftigen Werte der meteorologischen Größen wie Luftdruck, Temperatur, Feuchte oder Windgeschwin-

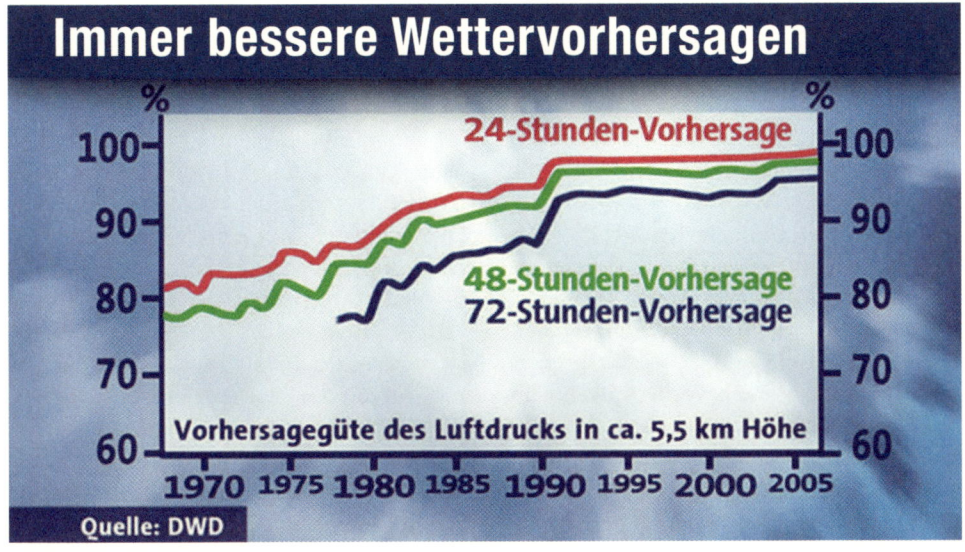

digkeit. Der aktuelle Großrechner des Deutschen Wetterdienstes hat so viel Rechenpower wie etwa 30 000 handelsübliche PCs. Trotz dieser gigantischen Leistung können die komplizierten Gleichungssysteme nur an einer begrenzten Anzahl unterschiedlicher Orte näherungsweise gelöst werden. Zudem gibt es Vorgänge in der Atmosphäre, wie beispielsweise ein nachmittägliches Wärmegewitter, die so kleinräumig sind, dass sie im wahrsten Sinne des Wortes durch die Maschen des Modellgitters fallen. Mit ebenfalls sehr aufwändigen Methoden werden diese Prozesse anhand bekannter Größen abgeschätzt. Neben Gewittern werden auch viele Vorgänge am Erdboden wie Feuchte- und Wärmeflüsse, welche auch für die Nebelbildung und -auflösung verantwortlich sind, mit Hilfe eines zusätzlichen Bodenmodells abgeschätzt.

Dann gibt es noch sogenannte Randbedingungen, wie Meeresoberflächentemperaturen oder die Meereisbedeckung, welche sich nur langsam ändern und somit für eine Wettervorhersage über wenige Tage hinweg als unveränderlich vorgegeben werden können. In Klimamodellen müssen die Entwicklungen dieser Größen, wie beispielsweise auch Meeresströmungen, zusätzlich berechnet werden.

Aufgrund der langjährigen Erfahrungen mit den Ergebnissen der Wettermodelle sind deren Stärken und Schwächen bekannt. Mit diesem Wissen können Vorhersagen für bestimmte Orte nachträglich korrigiert werden. Diese statistische Korrektur der Modellergebnisse geschieht ebenfalls computergestützt.

Jedoch wird es trotz noch so großer Anstrengungen und weiterer technischer Entwicklungen nie eine hundertprozentig sichere Vorhersage für den Folgetag geben, und das Wetter in zwei Wochen dürfte ebenfalls kaum zuverlässig vorhersehbar sein. Das chaotische Wettergeschehen wird auch künftig immer wieder für Überraschungen gut sein und uns die natürlichen Grenzen beim Blick in die Zukunft aufzeigen.

Einen Pudding an die Wand nageln

Thomas Ranft

Haben Sie das schon mal versucht? Einen Pudding an die Wand zu nageln? Ein sehr geschätzter Kollege, Streckensprecher im Rahmen der DTM, hat mich mal mit den Worten begrüßt: »Von Thomas Ranft eine exakte Aussage zu bekommen, ist, als würde man versuchen, einen Pudding an die Wand zu nageln.« Gut, das hängt mir heute noch nach, aber er hat gar nicht so unrecht. Meteorologen sind die Meister der Möglichkeitsform. Was antwortet ein Meteorologe für gewöhnlich, wenn man ihm eine Frage stellt? »Das kann man *so* nicht sagen!« Darauf folgen gerne Begriffe wie: »hin und wieder«, »zeitweise«, »wahrscheinlich«, »möglicherweise«, »ab und zu«, »gelegentlich«, »stellenweise« und »mancherorts«. Ganz ehrlich, in »mancherorts« möchte ich nicht wohnen. Da regnet es quasi immer.

Warum machen wir das? Die Ungenauigkeiten und Schwierigkeiten bei einer Vorhersage haben wir ja schon beleuchtet. Computer spucken zwar eine wunderbare Vorhersage aus, aber das Wetter hält sich oft nicht daran. Wo ist die Grenze der Vorhersagbarkeit? Dazu gibt es aktuelle Forschungsprojekte, denn der Zeithorizont ist nie gleich. Bei Gewitterlagen haben Sie schon ein Problem vorherzusagen, ob es an einem Punkt in zwei Stunden noch trocken ist, bei einer stabilen Hochdrucklage hingegen können Sie fast zwei Wochen sicher vorhersagen. Ein bisschen hat das ja auch mit dem sogenannten Schmetterlingseffekt zu tun. Dazu ein Beispiel: Sie sitzen gemütlich mit Freunden im Biergarten, Ihr Sitznachbar erzählt einen grandiosen Witz, Sie können sich vor Lachen kaum halten und schütten dabei auch noch Ihr Bier aus, weil Sie das Glas umwerfen. Schöne Schweinerei, das gute Bier! Alles

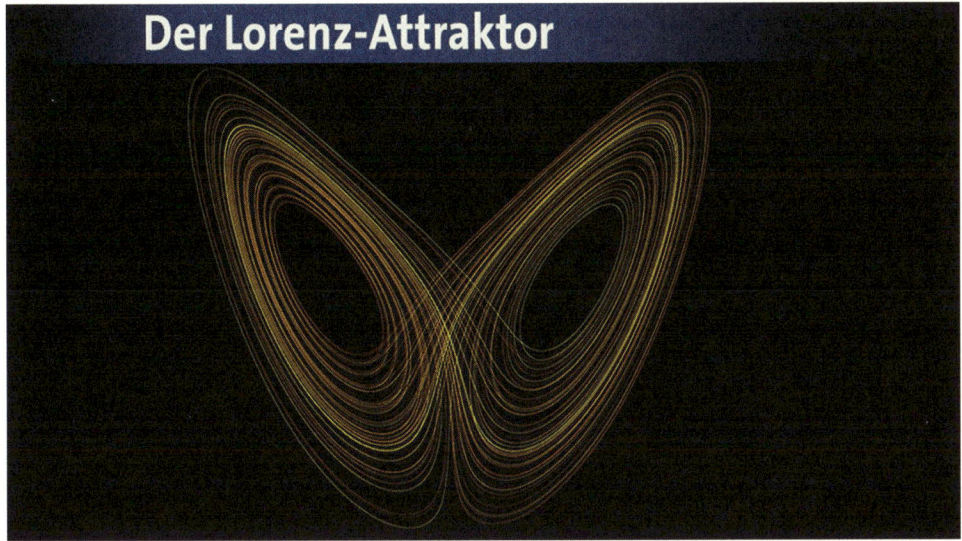

Der Lorenz-Attraktor

Quelle: wikimedia commons. Urheber: Wikimol, Dschwen

auf dem Boden gelandet und Sie müssen ein Neues bestellen. Der Witz an diesem Witz ist: Sie haben gerade das Klima verändert. Also nicht nur stimmungsmäßig. Nein, das Kleinklima. Rund um die Pfütze am Erdboden ist die Luft jetzt für geraume Zeit feuchter und kühler. Das allein verursacht zwar vermutlich noch keinen Sturm, aber wir können davon ausgehen, dass bei 7,4 Milliarden Menschen (Stand 2016) eine Menge Witze im Umlauf sind und vermutlich noch einige Gläser mit Kaltgetränken ausgeschüttet werden. In der Summe kann das einen Einfluss haben. Aber die Vorsagecomputer haben keinen Sensor für Humor. Sie wissen auch nicht, ob Sie morgen an einer Kreuzung links oder rechts abbiegen werden. Vielleicht wissen Sie das sogar selbst noch nicht, bis Sie davor stehen. Aber Sie verändern damit die Luftströmung. Es sind genau diese nicht vorhersagbaren Kleinigkeiten, die vielleicht nicht auf kurze Sicht, aber ganz bestimmt auf lange Sicht die Vorhersage beeinflussen, oder besser, unmöglich machen.

Was hat der Flügelschlag eines Schmetterlings in Brasilien mit der Entstehung eines Tornados in Texas zu tun? *Tim Staeger*

Welche Kleidungsstücke soll ich in den Urlaub mitnehmen? Ob man die Regenjacke zu Hause lassen kann oder wie dick der Pulli sein muss, lässt sich anhand der Wettervorhersage nicht entscheiden, denn die reicht nur wenige Tage in die Zukunft. Das dürfte sich aber im Zuge des technischen Fortschritts bestimmt bald ändern, sodass verlässliche Prognosen über zwei, drei Wochen bald zur Normalität gehören – oder etwa doch nicht?

Als Edward N. Lorenz am renommierten Massachusetts Institute of Technology in Cambridge bei Boston im Winter 1961 Studien zur langfristigen Wettervorhersage betrieb, stieß er eher zufällig auf Eigenschaften seines vereinfachten Wettermodells, die den Grundstein für ein ganz neues

Teilgebiet der Physik legen sollten: die Chaosforschung.

Sein sogenanntes Konvektionsmodell simulierte am Computer eine dünne flüssige Schicht, quasi die Atmosphäre, die eingeschlossen zwischen zwei Platten von unten beheizt werden konnte. Damit lassen sich Vorgänge studieren, die unter anderem auch für kräftige Schauer und Gewitter verantwortlich sind. Die notwendige Mathematik besteht aus drei sogenannten gekoppelten Differentialgleichungen, welche die zeitliche Entwicklung des Systems beschreiben. Deren Form ist eigentlich recht überschaubar und für jeden Anfangszustand lassen sich Lösungen für beliebig weit in der Zukunft liegende Zeitpunkte eindeutig bestimmen.

Doch als Lorenz, um damals noch teure Rechenzeit zu sparen, Zwischenergebnisse heranzog, um identische Berechnungen erneut, jedoch für längere Zeitspannen, durchzuführen, wich das neue Ergebnis überraschenderweise stark vom vorherigen ab. Die verwendeten Startwerte lagen als Ausdruck mit einer Genauigkeit von nur drei Nachkommastellen vor, das Computerprogramm rechnete jedoch mit sechs Nachkommastellen. Die neuen Startwerte wichen somit, wenn auch nur um 0,1 Promille von den ursprünglichen ab, was aber bereits ausreichte, um eine völlig andere Lösung zu erzeugen.

Lorenz erforschte daraufhin sein System ausgiebig und erkannte, dass diese Empfindlichkeit gegenüber den Anfangsbedingungen eine allgemeine Eigenschaft bestimmter nichtlinearer dynamischer Systeme ist. Er postulierte, dass der Wettervorhersage prinzipielle Grenzen gesetzt sind, da man den Anfangszustand der Atmosphäre nicht beliebig genau und nicht an beliebig vielen Punkten messen kann. Zudem können sich kleine Ursachen zu großen Wirkungen aufschaukeln, was er mit einem Schmetterling verglich, dessen Flügelschlag in Brasilien einen Tornado in Texas auslösen könne – im übertragenen Sinne.

Abschätzungen haben ergeben, dass sich mit den Daten aus 1000 weltweit gleichmäßig verteilten Messstationen das Wetter für etwa vier Tage in die Zukunft prognostizieren lässt. Für elf Tage bräuchte man bereits etwa 100 Millionen Stationen, und wollte man das Wetter für einen Monat im Voraus berechnen, müsste man eine Station pro fünf Quadratmillimeter Erdoberfläche aufstellen.

Bei der Analyse chaotischer Systeme findet der sogenannte Phasenraum Anwendung: ein mathematischer Raum, in dem Zustände als Punkte repräsentiert werden können. Diese Punkte wandern im Laufe der Zeit auf eigenen Pfaden, den sogenannten Trajektorien, durch den Phasenraum. Sie halten sich dabei jedoch in klar abgrenzbaren Regionen, den sogenannten Attraktoren, auf. Kurioserweise und rein zufällig erinnert der Lorenz-Attraktor, der mittlerweile neben fraktalen Apfelmännchen zu einem Symbol der Chaosforschung geworden ist, an einen Schmetterling.

Langfristvorhersagen
Thomas Ranft

Die gibt es schon seit Jahrhunderten z. B. in Form von Bauernregeln. Das war beim damaligen Wissenstand ja in Ordnung, heutzutage dürfen wir aber feststellen, dass diverse Bauernregeln absolut sinnlos sind. Im 21. Jahrhundert werden Langfristvorhersagen von Computern errechnet. Können die es besser? In den Medien werden sie regelmäßig veröffentlicht. Wenn Sie aber wirklich wissen wollen, wie es wird, müssen Sie der Tatsache ins Auge blicken:

Wir können Wetter nicht so weit in die Zukunft vorhersagen. Wird der Sommer heiß und sonnig? Sie müssen es wohl abwarten. Jetzt fragen Sie sich natürlich: Was soll der ganze Quatsch dann überhaupt? Das kostet doch alles Geld. Stimmt, und genau an diesem Punkt kann ich einhaken. Solche Vorhersagen verraten uns wenig über das Wetter, sondern geben nur einen vorsichtigen Trend, zum Beispiel über das Temperaturniveau des Winters. Ein Grad mehr? Das spüren wir persönlich überhaupt nicht, ist also in der Regel keine hilfreiche Wetteraussage. Wenn Sie aber Heizöl oder Erdgas im großen Stil verkaufen, möchten Sie vorher schon wissen, ob es eher ein knackig kalter Winter wird oder ein etwas milderer. Solchen Konzernen geht es um Abschätzung, das Kalkulieren von Risiken und notwendige Absicherung. Da kann ein Grad Unterschied im Geldbeutel deutlich spürbar sein. Nur dass diese Vorhersage uns nichts über das Wetter verrät. Tim, was meinst Du dazu?

Wie verlässlich lässt sich der Witterungsverlauf von Jahreszeiten vorhersagen?

Tim Staeger

Die Wettervorhersage reicht normalerweise etwa drei bis fünf Tage in die Zukunft. Bei stabilen Wetterlagen mitunter noch ein bisschen weiter. Aber nach spätestens zwei Wochen werden die Prognosen zu unsicher, sodass die meisten Wettermodelle routinemäßig nicht weiter in die Zukunft schauen.

Das Wissen um den Witterungsverlauf der kommenden Monate hat vor allem für die Landwirtschaft eine besondere Bedeutung. Aus diesem Grund wird auch schon seit Langem versucht im Wettergeschehen eine Regelhaftigkeit zu entdecken, die mit einer gewissen Verlässlichkeit Aussagen über die Zukunft erlauben würde. So entstanden im Laufe der Jahrhunderte viele Bauernregeln, die aber leider nicht das Gewünschte leisten konnten.

Das gilt auch für den Hundertjährigen Kalender, der um 1660 von dem Abt Mauritius Knauer auf der Grundlage von Wetterbeobachtungen der Jahre 1652 bis 1658 erstellt wurde. Nach seiner Vorstellung ist der Einfluss der Himmelskörper auf das Wetter so groß, dass eine siebenjährige Beobachtung ausreiche, um verlässliche Prognosen für alle Zeiten zu erstellen, da sich das Wettergeschehen ständig wiederholen würde.

Nun sind die Vorgänge in der irdischen Lufthülle recht komplex und chaotisch, sodass der Wunsch nach regelhaftem Verhalten für gewöhnlich unerfüllt bleiben muss. Im fortschreitenden Computerzeitalter haben sich jedoch neue Möglichkeiten ergeben, den alten Traum von der Jahreszeitenvorhersage zumindest ansatzweise Wirklichkeit werden zu lassen. Der Deutsche Wetterdienst bietet einen Jahreszeitentrend für die kommenden drei Monate an, der monatlich aktualisiert wird.

Jedoch handelt es sich hierbei nicht um Wettervorhersagen im eigentlichen Sinne, sondern um Schätzungen der Abweichungen vom Klima-Mittel, also darum, ob ein Monat oder eine Jahreszeit eher warm, kühl, trocken oder feucht wird. Hierfür werden Wettermodelle des Europäischen Zentrums für mittelfristige Wettervorhersage in Reading, Großbritannien herangezogen.

Diese Wettermodelle werden für die Langfrist-Prognosen jedoch modifiziert, da auf einer Zeitskala von mehreren Monaten andere Einflüsse eine größere Rolle spielen. So gewinnen langsam ablaufende Prozesse wie die Schwankungen der Wasseroberflächentemperatur der Ozeane oder die Schneebedeckung über dem Eurasischen Kontinent an Bedeutung. Um die erhöhte Komplexität zu bewältigen, muss an anderer Stelle vereinfacht werden, sodass man bei einer Jahreszeitenvorhersage auch keinen detaillierten Wetterablauf angeben kann.

Da die Prognosen sehr stark von Messfehlern der Gegenwart abhängen, werden diese Modelle mit leicht unterschiedlichen

Anfangsdaten gefüttert und mehrfach in die Zukunft gerechnet. Hierdurch erhält man ein ganzes Ensemble an Vorhersagen, welches statistisch ausgewertet wird. Schließlich gelangt man zu Wahrscheinlichkeitsaussagen für Entwicklungstendenzen der kommenden Jahreszeiten, die jedoch sehr vage sind und eher zur Risiko-Optimierung witterungsabhängiger Unternehmen herangezogen werden, jedoch keinesfalls als belastbare Prognosen fehlinterpretiert werden sollten.

Fazit: Trotz eines extremen Aufwandes an modernster Technik und fortgeschrittenem Know-How ist es immer noch ein überaus schwieriges Unterfangen, eine Jahreszeitenvorhersage zu erstellen. Selbst grobe Tendenzen sind nach wie vor mit großen Unsicherheiten behaftet. Die Zukunft wird hier sicherlich noch einige Verbesserungen bringen, der alte Traum von der Jahreszeitenvorhersage bleibt bis dahin aber weitgehend noch bestehen.

Sind Sie Physiker?
Thomas Ranft

Sind Sie jemand, der gerne in den Himmel schaut und sich fürs Wetter interessiert? Sind Sie jemand, der seit vielen Jahren Wetterdaten notiert, Temperatur und Regenmenge? Toll! Dann sind Sie ja schon ganz dicht dran am Thema. Und wenn Sie Ihr ganzes bisheriges Leben in einer Region verbracht haben und wetterinteressiert sind, können Sie sicher auch aktuelle Entwicklungen gut einschätzen. Wird es gleich regnen? Kommt die Regenwolke bis hierher? Die Erfahrung von Einheimischen ist enorm. Aber können sie deswegen auch das Wetter vorhersagen? Taugen sie vielleicht sogar gut als Meteorologen? Ich zitiere dazu einen Fachbereichsleiter Meteorologie einer deutschen Universität, der als Studiogast bei *alle wetter!* sagte: »Nur weil Sie ganz gut das Wetter vorhersagen können und

sich in Ihrer Freizeit viel mit dem Wetter befassen, heißt das noch lange nicht, dass Sie das Meteorologiestudium gut absolvieren. Im Gegenteil, ein erheblicher Prozentsatz dieser Menschen scheitert.« Verständlich, denn Metorologie besteht zu einem erheblichen Teil aus theoretischer Physik, und die ist sehr komplex und abstrakt. Umso bewundernswerter ist es, dass trotzdem genügend Menschen ihre Leidenschaft für Physik und Wetter auf diesem Weg vereinen können. Tim, wage doch mal einen Quantensprung in die Physik.

Meteorologie und Quantenphysik *Tim Staeger*

Welche Rolle spielen die Erkenntnisse der modernen Physik in der Meteorologie?

Der große deutsche Nobelpreisträger für Physik und Begründer der Quantenphysik Max Planck wurde am 23.4.1858 in Kiel geboren. Im Jahre 1900 revolutionierte er mit seiner Quantenhypothese die Physik. Die daraufhin entstandene Quantentheorie ist so fundamental, dass sie auch in der Meteorologie von großer Bedeutung ist.

Max Planck wollte die Eigenschaften der elektromagnetischen Strahlung, also auch des sichtbaren Lichtes, beschreiben. Genauer gesagt beschäftigte ihn die Frage, wie die abgestrahlte Energie eines idealisierten, sogenannten Schwarzen Körpers von der Frequenz der Strahlung und der Temperatur des Körpers abhängt. Er erhielt mit Hilfe der Vorstellungen der klassischen Physik nur genäherte Lösungen des Problems und musste, um die Beobachtungen theoretisch beschreiben zu können, eine bahnbrechende Hypothese von historischer Bedeutung aufstellen: Die abgestrahlte Energie hängt von der Frequenz (der Farbe) des Lichtes ab und kann nicht in beliebig kleinen Mengen, sondern nur in sogenannten Energiequanten abgegeben werden.

Das auf diesen Annahmen beruhende Plancksche Strahlungsgesetz beschreibt exakt das sogenannte Strahlungsspektrum eines idealisierten Körpers, also die Energiemenge, die bei bestimmten Lichtfarben abgegeben wird.

Auch die Erde und die Sonne können bezüglich ihres Abstrahlungsverhaltens zunächst einmal näherungsweise als Schwarze Körper betrachtet werden. Um den Energiehaushalt der Atmosphäre zu verstehen, wird das Plancksche Strahlungsgesetz zugrunde gelegt. Nun befindet sich in der Atmosphäre eine Vielzahl von Gasen, welche die von der Sonne eintreffende und von der Erde ausgehende Strahlung »stören«. Strahlung wird von diesen Gasen aufgenommen, d. h. absorbiert oder abgelenkt, also gestreut.

Jedes Gas hat dabei seine »Lieblingsfarben«. Das heißt, bestimmte Energiequanten der Strahlung, die ja von deren Farbe (Frequenz) abhängen, können in der Atomstruktur der Gasmoleküle wiederum quantenphysikalische Vorgänge auslösen. In der Fachsprache nennt man diese »Lieblingsfarben« die für ein bestimmtes Gas typischen Absorptionsbanden.

Das sichtbare Licht ist nur ein kleiner Teil der elektromagnetischen Strahlung. Diese umfasst auch für uns schädliche UV-Strahlung, welche zum großen Teil in der Stratosphäre von Ozon absorbiert wird. Es ist kein Zufall, dass wir elektromagnetische Strahlung in genau den uns vertrauten Farben sehen können. Denn dieses Licht gelangt durch ein sogenanntes atmosphärisches Fenster weitgehend ungestört bis zum Erdboden.

Auf der anderen Seite gibt es auch ein solches »Fenster« für die von der Erde in den Weltraum abgegebene Strahlung. Dieses liegt genau in jenem Frequenzbereich, in welchem die Erde besonders stark abstrahlt. Durch das vom Menschen produzierte Kohlendioxid wird nun genau dieses Fenster zum Teil geschlossen, wodurch die globale Erwärmung erklärbar wird.

Diese Sachverhalte basieren alle auf dem Planckschen Strahlungsgesetz und verdeutlichen, wie grundlegend seine Erkenntnisse auch im Bereich der Meteorologie sind, und wie allgegenwärtig die abstrakte Welt der Quanten ist.

Machen wir das Wetter doch einfach selbst!
Thomas Ranft

Jetzt haben wir auf den vorhergehenden Seiten so viel über die Vorhersagbarkeit von Wetter und die technischen Möglichkeiten gesprochen – wollen wir nicht versuchen, das Wetter selber zu machen? Bevor wir nun aber überlegen, wie das funktionieren könnte, müssen wir uns die Frage stellen: Was wäre unser Wunschwetter? (Marketingsprech: Bedarfsermittlung) Also nicht das Klima, sondern das Wetter im Rahmen des Klimas in Mitteleuropa.

Wie lautet Ihre Antwort? Ich unterhalte mich ja häufig mit unterschiedlichsten Menschen über das Wetter, und viele wünschen sich sowas wie: »Am Samstag in 8 Wochen soll es bitte trocken sein, wir heiraten da«, oder etwas Ähnliches. Wenn ich weiter nachhake, sagen viele: »Ja, ich verstehe ja, dass wir Regen brauchen, aber am besten doch dann, wenn er am wenigsten stört, also nachts«. »Stören« ist ja ein relativer Begriff, »stören« kann bedeuten, dass er uns in unserer Freizeitausübung behindert. Es kann aber auch sicherheitsgefährdend meinen – verregnete Fahrbahnen sind rutschiger und die Sicht ist schlechter. Landwirte und Gärtner möchten gerne regelmäßigen Regen, aber nicht zu kräftig, damit Pflanzen und Boden keinen Schaden nehmen. Wenn wir all das in unsere Berechnungen einbeziehen, lautet das Ergebnis: Unser Wunschwetter beinhaltet eine gute Stunde Landregen, der idealerweise in der zweiten Nachthälfte stattfindet und

Wolkenimpfung

Silberjodid

kurz vor Sonnenaufgang endet. Dann aufklarender Himmel und Sonne für den Rest des Tages.

Solch eine Mehrheitsentscheidung würde die Hersteller und Verkäufer von Schirmen und Regenjacken um ihre Existenz bringen. Außerdem wären Gummistiefel obsolet und das Springen in Pfützen, jedes Kind liebt es, würde ebenfalls wegfallen. Wie auch immer, spielen wir diese Wettersituation einmal durch:

Eine Stunde Regen, bis kurz vor Sonnenaufgang, der Einfachheit halber auf der Nordhalbkugel. Das bedeutet, wir brauchen einen Wolkenstreifen, der entgegengesetzt zur üblichen Zugrichtung, und nicht in einem schneckenförmigen Wirbel, sondern geradlinig von Ost nach West zieht, immer knapp vor Sonnenaufgang – und zwar mit einem enormen Tempo: Einmal um die Erde an einem Tag, das sind in unseren Breitengraden etwas mehr als 24 000 km am Tag. Das heißt, der Wolkenstreifen müsste mit einer Geschwindigkeit von über 1000 km/h um die Erde ziehen! Eigentlich können wir hier schon abbrechen, denn solche Geschwindigkeiten erreichen Wolken nicht. Darüber hinaus haben wir noch nicht über die Sonne und die Temperatur gesprochen.

Aber vielleicht können wir das Wetter ja kleinräumiger beeinflussen, und auch nur zeitlich begrenzt?

Wahrscheinlich haben Sie auch schon davon gehört, dass Wetter beeinflusst wird. Tim erklärt uns das jetzt genauer.

Die Regenmacher

Tim Staeger

Kann man das Wetter beeinflussen?

Das künstliche Auslösen von Niederschlägen wird weltweit seit rund 60 Jahren betrieben, doch wie gut es funktioniert, ist nach wie vor umstritten. Die Forschungen hierzu nahmen kurz nach Ende des 2. Weltkriegs in Labors des US-Militärs ihren Anfang. Als der Kalte Krieg begann, war man auf der Suche nach alternativen Formen der Kriegsführung. Da war die Vorstellung verlockend, den Feind mithilfe künstlicher Niederschläge im Schlamm stecken bleiben zu lassen oder ihn mit verheerenden Dürren zu schwächen.

Im August 1952 wurde Lynmouth im Südwesten Englands von einer der verheerendsten Hochwasserkatastrophen in der britischen Geschichte heimgesucht. Eine gewaltige Schlammlawine tötete 35 Menschen, 420 wurden obdachlos. Jüngst veröffentlichte Geheimdokumente der Royal Air Force belegen, dass in den vorausgegangenen Tagen nahe Lynmouth Wolken für militärische Forschungen im Rahmen der »Operation Cumulus« mit Kondensationskernen geimpft wurden.

Damit aus dem unsichtbaren Wasserdampf in der Atmosphäre Regentropfen oder Schneekristalle wachsen können, bedarf es kleinster Partikel, beispielsweise feinstem Meersalz, Staub oder Bakterien, an die sich die Wassermoleküle anlagern können. Ohne diese Keime kann eine Kondensation selbst bei hoher Übersättigung kaum stattfinden. Werden nun zusätzliche Kondensationskeime wie Kochsalz, Zementstaub oder das oft verwendete Salz Silberjodid beispielsweise aus einem Flugzeug in eine feuchte Luftmasse eingebracht, so wird die Kondensation markant erleichtert und es bilden sich zunächst Wolken, aus denen bei ausreichendem Wassergehalt und einem entsprechend starken Wachstum der zunächst feinen Tröpfchen bzw. Kristalle Regen oder Schnee fällt.

Hierdurch sollte es möglich sein, gezielt Niederschläge auszulösen, um dadurch trockene Gebiete mit Wasser versorgen zu können. In Thailand und Israel werden seit über 50 Jahren Wolken zu diesem Zweck geimpft. Anderenorts möchte man drohende Niederschläge im Vorfeld abregnen lassen, wie bei russischen Militärparaden oder bei den Olympischen Spielen 2008 in Peking. Auch hierzulande gibt es sogenannte Hagelflieger am Stuttgarter Flughafen, die drohende Gewitter beimpfen, weil man dadurch das Wachstum der Hagelkörner begrenzen will. Denn durch ein reichhaltiges Angebot an Kondensationskernen sollen mehr, aber auch kleinere Tropfen und Hagelkörner entstehen.

Wie effektiv diese Methoden sind, lässt sich schwerlich feststellen, da man nicht wissen kann, wie sich das Wetter ohne Wolkenimp-fung entwickelt hätte. Die Royal Air Force stoppte jedenfalls nach der Katastrophe von Lynmouth ihre Experimente. Die U. S. Army führte hingegen im Vietnamkrieg gezielt Wolkenimpfungen durch, um den Vietcong durch intensiveren Monsunregen zu behindern – mit mäßigem Erfolg. Die militärische Nutzung der Wettermanipulation wurde in den 70er Jahren von den UN mittels eines Vertrags gebannt. Die zivile Nutzung erfreut sich jedoch trotz zweifelhaftem Erfolg nach wie vor recht großer Beliebtheit: In etwa 30 Ländern weltweit werden standardmäßig Wolken beimpft. Sogar die Manipulation großer Hurrikane wurde versucht. Hier musste man jedoch einsehen, dass ein paar Ladungen Silberjodid auf die gewaltigen Energien solcher Wirbelstürme bloß wie ein Tropfen auf einen heißen Stein wirken. Die Mächte der Natur sind eben doch nur begrenzt kontrollierbar.

Ein Schauer am Horizont. Foto: Wolfgang Imöhl, Nieder-Wöllstadt

KLIMA IM WANDEL

Klima – was ist das eigentlich? *Thomas Ranft*

Per Definitionem bezeichnet Wetter den aktuellen Zustand, Witterung umfasst mehrere Tage oder Wochen und Klima wird über einen noch längeren Zeitraum geprägt, etwa 30 Jahre und mehr. Wenn Sie also eine Postkarte aus dem Urlaub schreiben, mit dem typischen Satz: »Das Wetter ist schön«, dann meinen Sie eigentlich: »Die Witterung ist schön«. Mit dem Klima ist es noch viel schwieriger, wie Prof. Dr. Schmid, Präsident des Hessischen Landesamtes für Naturschutz, Umwelt und Geologie (HLNUG) im Vorwort zur Broschüre *Folgen des Klimawandels für die menschliche Gesundheit* des HLNUG schreibt: »Der Mensch hat kein Wahrnehmungsorgan für Klima«. Und damit auch nicht für den Klimawandel. Wir Menschen denken und fühlen einfach in zu kurzen Abständen. Ich werde häufig mit Sätzen angesprochen, wie: »Herr Ranft, ich spüre die Veränderung, früher gab's noch richtige Winter, und die Sommer, die waren lang und heiß«. Das kommt Ihnen vielleicht so vor, aber eigentlich stimmt das nicht. Es gibt immer wieder Phasen, in denen es wärmer oder kälter oder nasser oder trockener ist. Je nachdem, wann Sie Ihre Kindheit erlebt haben, kann das solche eine Phase gewesen sein. Das alleine macht aber noch keinen Trend. Dazu muss man über den Tellerrand blicken. Es kommt aber noch etwas anderes hinzu: Mit dem Alter verän-dert sich die Wahrnehmung. Sechs Wochen Sommerferien? Als Kind kam einem das unendlich lang vor. Als Erwachsener verge-hen sechs Wochen gefühlt wie im Flug. Wie man das mit dem Klima tatsächlich er-mittelt, weiß Tim.

Klima: die Statistik des Wetters *Tim Staeger*

Durch die Klimaerwärmung wird es im Mit-tel wärmer, aber noch stärker verändern sich Extreme.

Erinnern Sie sich noch an den Zehn-Mark-Schein? Auf ihm war Carl Friedrich Gauß (1777–1855) abgebildet, einer der größten Mathematiker aller Zeiten. Im Hintergrund war die von ihm eingeführte Gaußsche Glo-ckenkurve zu sehen. Diese findet außer zur Ausschmückung von Geldnoten ebenfalls in vielen Bereichen von Naturwissenschaft und Technik Anwendung, auch in der Klimatolo-gie. Denn sie kann uns erklären, wieso Extre-me bei einer scheinbar mäßigen Erwärmung deutlich öfter auftreten sollten.

Man nehme ein Holzbrett und bestücke es in gleichmäßigen Abständen mit Nägeln, ähnlich einem Fakir-Sitzkissen. Nun ver-schließt man das Ganze mit einer durch-sichtigen Abdeckung und stellt es senk-recht auf. Darunter stellt man mehrere kleine Behälter dicht nebeneinander und lässt von oben kleine Kugeln mittig durch den Nagelwald fallen.

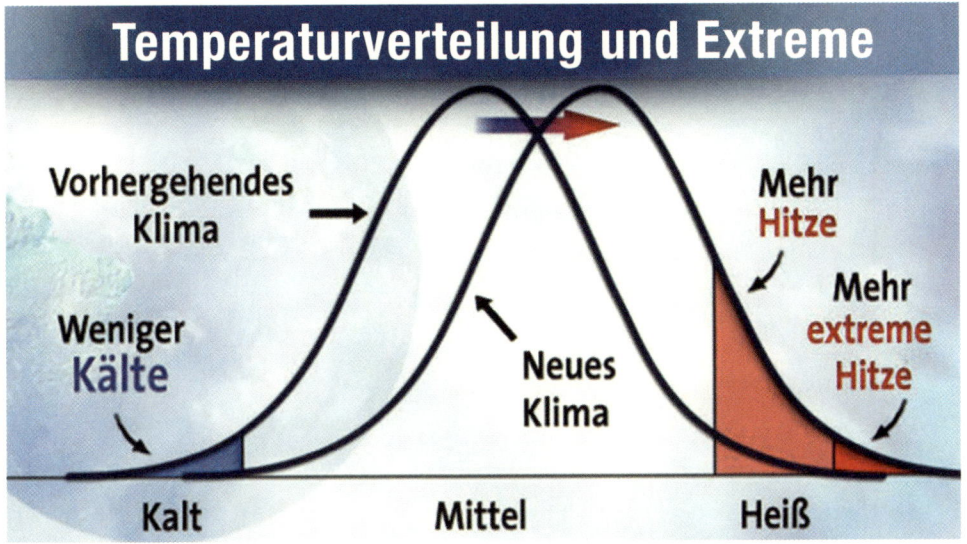

Temperaturverteilung und Extreme

Vorhergehendes Klima

Mehr Hitze

Weniger Kälte

Mehr extreme Hitze

Neues Klima

Kalt   Mittel   Heiß

Die Kugeln werden von den Nägeln zufällig nach links oder rechts abgelenkt. Unten angekommen kullern sie in einen der Auffangbehälter. Die meisten der Kugeln werden in den mittleren Behältern landen, manche jedoch fallen weiter nach außen und ganz selten kann es auch vorkommen, dass eine immer nur in eine Richtung abgelenkt wird und am Ende in eines der ganz außen stehenden Töpfe fällt.

Die sich so ergebende Verteilung der Kugeln in den Töpfen wird durch die Gaußsche Glockenkurve beschrieben, die auch als Normalverteilung bezeichnet wird. Sie kommt immer dann zur Anwendung, wenn die Abweichungen vom Mittelwert, also dem mittleren Topf, rein zufällig sind, größere Abweichungen jedoch zunehmend unwahrscheinlicher werden. Betrachtet man die durchschnittliche Temperatur in Deutschland über mehrere Jahre, so findet man auch hier die Normalverteilung wieder. Kühle und wärmere Jahre scheinen sich also zufällig abzuwechseln.

Seit ein paar Jahrzehnten verzeichnet man jedoch eine systematische Erwärmung, welche einer Verschiebung der Abwurfstelle in unserem Nagelbrett-Experiment entspricht. Die Verteilung der Kugeln in den Töpfen wird sich dadurch systematisch in eine Richtung verschieben. Interessant ist nun die Frage, wie stark sich die Anzahl der Kugeln in den äußeren Töpfen ändert. Auf das Klima übertragen entspricht das beispielsweise besonders heißen Sommern oder eben auch milden Wintern.

Die Wahrscheinlichkeit für diese Ereignisse entspricht der Fläche unter der Glockenkurve jenseits einer gewählten Temperaturschwelle. Im Nagelbrett-Experiment ist dies die Anzahl der Kugeln in den äußeren Töpfen im Vergleich zur Gesamtzahl. Aufgrund der speziellen Form der Glockenkurve verändert sich die Menge der Kugeln außen sehr stark, wenn man die Abwurfstelle nur geringfügig verschiebt. Analog steigt beispielsweise die Wahrscheinlichkeit für Hitzesommer oder auch für milde Winter hierzulande bei einer scheinbar geringfügigen Temperaturerhöhung deutlich an.

Zum Beispiel betrug die Wahrscheinlichkeit, dass die mittlere Temperatur im August in Frankfurt am Main über 22 Grad Celsius liegt im Jahre 1901 nur 0,1 Prozent. Man erwartete damals also solch einen heißen August nur etwa einmal pro Jahrtausend. Bis heute ist diese Wahrscheinlichkeit auf über 15 Prozent angestiegen,

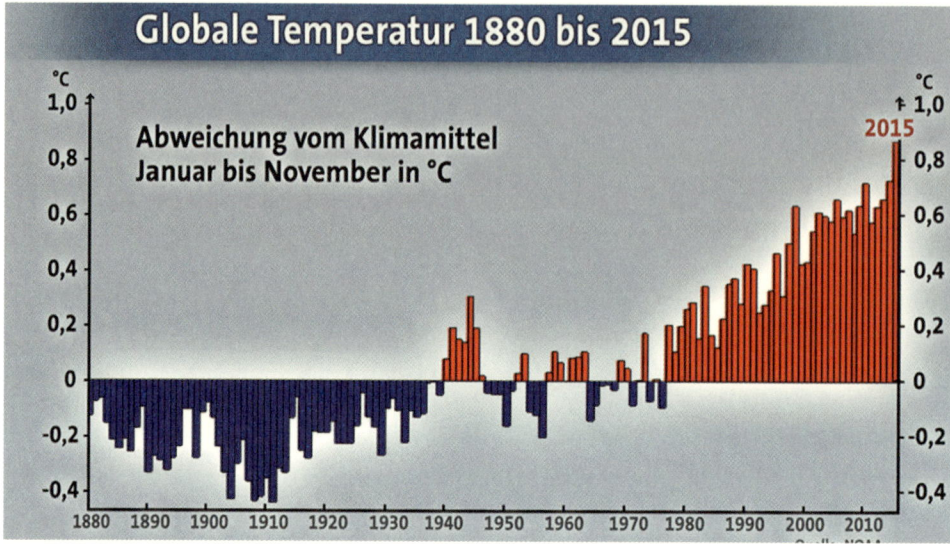

Globale Temperatur 1880 bis 2015

Abweichung vom Klimamittel
Januar bis November in °C

2015

somit wird aktuell etwa jeder sechste August so warm. Eine Jahresmitteltemperatur von über 11,5 Grad erwartete man im Jahre 1826 in Frankfurt ebenfalls nur einmal in ungefähr 1000 Jahren. Heute wird bereits durchschnittlich alle zwei Jahre ein höherer Wert gemessen.

Klima im Wandel
Thomas Ranft

Haben Sie schon mal vom mittelalterlichen Klimaoptimum gehört? Oder von der Kleinen Eiszeit? Was sich in den 60er Jahren wie ein echter Sommertag anfühlte, würde man heutzutage teilweise als besseren Frühlingstag beschreiben. Es gab schon immer Eiszeiten und Warmzeiten, und eines sollte jedem klar sein: Das Klima ist nichts Konstantes, sondern etwas Veränderliches. Das kommt uns Menschen nicht sehr entgegen, denn wir lieben im tiefsten Inneren ja doch die Beständigkeit. Ein paar knackige Winter und die ersten Klimaskeptiker rufen: »Die Klimaerwärmung fällt aus!« Ein paar ausgefallene Winter und Ängstliche rufen: »Auweia, das ist der Klimawandel!« Das

stimmt so natürlich beides nicht. Die Grafik oben illustriert die Entwicklung der Mitteltemperatur der Erde. Es geht auf und ab, in großen Zeitskalen wie auch in kleinen. Ein Menschenleben ist allerdings zu kurz, um die Schwankungen richtig einzuordnen.

Warum ist das Klima denn überhaupt so unterschiedlich, und nicht Jahr für Jahr gleich? Nun, es gibt die unterschiedlichsten Ursachen: wohin Hochs und Tiefs ziehen, wie die Winde wehen etc. Ein El-Niño-Phänomen kann die Witterung in erheblichen Teilen der Welt für Monate verändern und phasenweise das Klima erwärmen. Die Aktivität der Sonne hat auf das Klima genauso einen Einfluss wie die Vulkanaktivität. In Jahrmillionen gesehen haben auch die Position und Eigenschaften der Kontinente einen Einfluss, also wo sie liegen, wie nah am Äquator sie sich befinden, wie groß die zusammenhängende Landmasse ist. Land erwärmt sich anders als Wasser, große Landflächen haben ein anderes Klima als kleine Landmassen mit mehr Wasser in der Umgebung. Erdgeschichtlich hat sich also in Milliarden von Jahren einiges getan, die Zusammensetzung der Atmosphäre hat sich verändert, und natürlich auch das Klima. Klimaforscher betrachten und analysieren das und entwickeln Modelle, mit denen sie die Entwicklungen in der Vergangenheit abbilden und verstehen können, warum sich das Klima wann und wie verändert hat.

Der Vater des Treibhauseffekts *Tim Staeger*

Was hat ein schwedischer Nobelpreisträger für Chemie mit dem Klimawandel zu tun?
Svante Arrhenius wurde 1859 in der Nähe von Stockholm geboren. Seine Begabung zeigte sich schon früh, da er bereits mit drei Jahren lesen lernte. Später studierte er Mathematik und Naturwissenschaften an der Universität von Uppsala. 1903 erhielt er den Nobelpreis für Chemie für seine Forschungen zur elektrolytischen Dissoziation.
Durch die aktuelle Diskussion um den anthropogenen Klimawandel hat sein Name zusätzlich an Bedeutung gewonnen. Denn er hat als erster die Auswirkung von Kohlendioxid auf die Temperatur am Erdboden abgeschätzt. Bereits 1896 kam er zu dem Schluss, dass eine Verdoppelung der CO_2-Konzentration in der Atmosphäre eine weltweite Temperaturerhöhung um 5 Grad nach sich ziehen würde. Heute wird von einer Erwärmung um 1,5 bis 4,5 Grad ausgegangen.
Er sah dies jedoch als einen wünschenswerten Effekt an: »Der Anstieg des CO_2 wird zukünftigen Menschen erlauben, unter einem wärmeren Himmel zu leben.« Die mit einer globalen Erwärmung verbundenen Probleme konnte er damals noch nicht absehen.
Er war der erste, der einen menschlichen Einfluss auf das Klima prophezeite. Jedoch glaubte er, dass erst in etwa 3000 Jahren ein spürbarer Temperaturanstieg eintreten würde. Auch die rasante Entwicklung der Industrialisierung war aus damaliger Sicht kaum vorstellbar.
Das beständige Auf und Ab, welches in der berühmten CO_2-Messreihe des Mauna Loa Observatoriums auf Hawaii zutage tritt, ist jahreszeitlichen Ursprungs. Da sich die größten Landmassen und damit auch die meisten Landpflanzen auf der Nordhalbkugel befinden, bindet die Vegetation im Nordsommer auch deutlich mehr Kohlendioxid als im Südsommer. Da sich das Treibhausgas während seiner mittleren Verweilzeit von etwa 100 Jahren global gleichmäßig verteilen kann, ist dieser Effekt auch

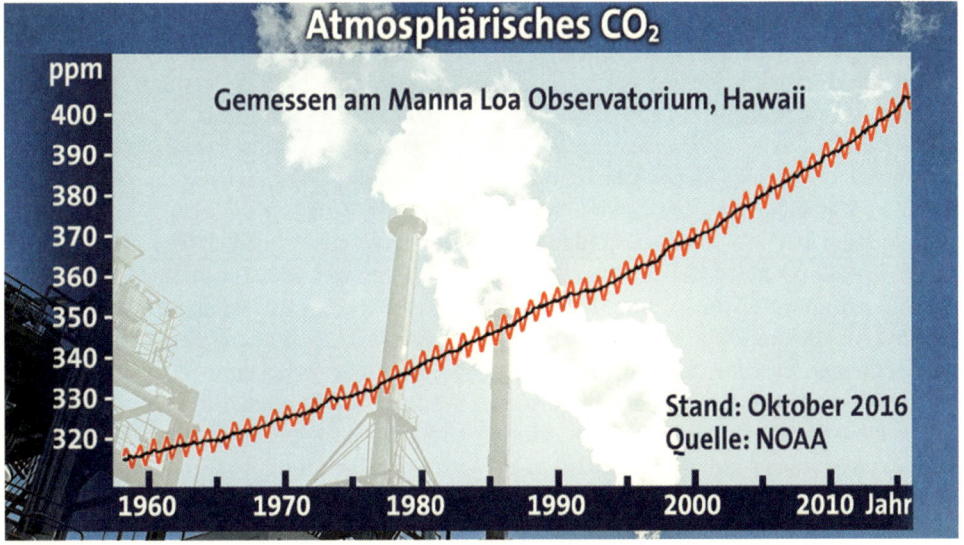

Atmosphärisches CO_2

Gemessen am Manna Loa Observatorium, Hawaii

ppm

Stand: Oktober 2016
Quelle: NOAA

1960   1970   1980   1990   2000   2010 Jahr

mitten auf dem Pazifik, weitab jeglicher Emissionsquellen nachweisbar.

Aus Eisbohrkernen ist bekannt, dass die atmosphärische CO_2-Konzentration innerhalb der vergangenen 800 000 Jahre lediglich zwischen etwa 200 und 300 ppm (parts per million, Teilchen pro Million Teilchen) schwankte. Zu Beginn der Messreihe auf Hawaii im März 1958 lag die Konzentration bei 315 ppm, im Juni 2016 waren es 407 ppm.

Klimawandel berechnen *Thomas Ranft*

Das CO_2-Pendel schlägt also schon deutlich und außergewöhnlich nach oben aus. Und bis auf ein paar Verschwörungstheoretikern ist allen Experten klar: Das sorgt grundsätzlich für eine Erwärmung der Atmosphäre. Mehr CO_2 in der Atmosphäre entlässt weniger Energie ins Weltall, es wird folglich »wärmer«. Das ist einfache Physik. Aber genau an diesem Punkt fangen für die Wissenschaftler die Herausforderungen erst an. Denn unsere Welt ist nun einmal nicht eindimensional. Mehr CO_2 in der Atmosphäre und höhere Durchschnittstemperaturen können ja bedeuten, dass die Pflanzen besser wachsen und auch wieder mehr CO_2 aus der Luft holen und im Boden speichern. Wenn allerdings die Luft wärmer wird, erwärmt sich auch das Wasser, und warmes Wasser kann weniger CO_2 aufnehmen als kaltes. D. h., es gelangt noch zusätzlich CO_2 aus dem Wasser in die Atmosphäre. Wenn das Wasser wärmer wird, schmilzt das Meereis, und aus einer weißen Oberfläche, die den größten Teil des Sonnenlichts reflektiert, wird plötzlich eine dunkle Wasserfläche, die den Großteil der Sonnenenergie aufnimmt und sich immer mehr erwärmt. Wenn die Atmosphäre sich erwärmt, können sich auch die grundsätzlichen Luftströmungen ändern. Wird das Azorenhoch auch in Zukunft noch bei den Azoren liegen? Das

Islandtief bei Island? Oder wird es wolkiger, wo es bisher sonnig war und umgekehrt? Wird es mehr Wolken geben? Und welche Art von Wolken? Das ist ebenfalls relevant für die sogenannte Strahlungsbilanz. Es gibt Wolken, die die Atmosphäre etwas kühlen, und andere, die sie erwärmen können. Das Thema Klimawandel ist unglaublich komplex. Wir verändern eine Zutat in der Atmosphäre und es ändern sich dadurch enorm viele Abläufe. Einige davon können wir erahnen, einige kennen wir bereits, bei manchen tappen wir noch ziemlich im Dunkeln. Das Problem für die Forscher ist: Sie können kaum Erfahrungswerte aus der Vergangenheit nutzen, denn eine derart rasante Veränderung wie wir sie gegenwärtig erleben, gab es noch nicht. Auch das ist ein Grund, warum Klimaprojektionen oft nicht auf Anhieb zutreffen, sondern immer wieder angepasst werden müssen. Es ist ein permanenter Lernprozess. Was wir tatsächlich beobachten, ist eine signifikante Veränderung. Und die macht uns zu schaffen. Mit »uns« meine ich übrigens in erster Linie die Menschheit. Denn wir müssen nicht nur herausfinden, wie die Veränderungen in Zukunft aussehen werden und was für Folgen der Klimawandel tatsächlich hat. Wir müssen uns der Veränderung auch anpassen. Und das dürfte in Teilen schwierig werden. Auf jeden Fall schmerzhaft. Warum? Nun, nehmen wir einfach mal den an anderer Stelle in diesem Buch beschriebenen Ausbruch des Vulkans Tambora, der zu Beginn des 19. Jahrhunderts eine kurzzeitige und dramatische Veränderung des Klimas verursachte. An den Klimafolgen starben, davon darf man ausgehen, aufgrund von Hungersnöten weltweit Tausende Menschen. Es kam zu großen Auswandererströmen nach Nordamerika wie auch nach Russland. Nur: damals lebten etwa eine Milliarde Menschen auf der Erde. Hundert Jahre später waren es rund 2 Milliarden, nochmal hundert Jahre später, nämlich heute, etwa 7 ½ Milliarden Menschen. Was ich sagen will: Diese Erde ist voll. Menschen besiedeln nahezu jeden Ort dieses Planeten und wir nutzen die Vorräte der Erde, als hätten wir noch eine zweite als Reserve in der Tasche. Allein schon dieses Verhalten kann auf Dauer nicht gut gehen. Und dann kommt auch noch der Klimawandel hinzu. Ein kleines Beispiel gefällig? In unseren Supermärkten liegen auch deswegen Tomaten oder Erdbeeren, weil sie in Spanien intensiv angebaut werden. Die Gegend rund um Almeria sieht ob der vielen Gewächshäuser von oben aus, als wäre sie vom Aktionskünstler Christo eingepackt worden. Intensivste Landwirtschaft in einer Region, die bei Weitem nicht so viel Wasser zur Verfügung hat wie Deutschland. Unser Appetit auf Tomaten und Erdbeeren und das daraus resultierende gute Geschäft trocknet erhebliche Teile Spaniens aus, die Grundwasserspiegel sinken teils dramatisch und es gibt Forscher, die davor warnen, dass Teile Spaniens zur Wüste werden könnten. Und weil sich zum Fehlverhalten, bzw. nicht nachhaltigem Verhalten auch noch der Klimawandel gesellt, wird es in Zukunft in der Region noch weniger regnen. Das Problem wird sich weiter verschärfen, Ausgang ungewiss. Oder nehmen wir China, ein Land, das bereits jetzt sehr deutlich mit den Folgen des Klimawandels zu kämpfen hat. Eine zu intensive Nutzung des Bodens gepaart mit abnehmenden Niederschlägen haben heftige Staubstürme zur Folge, die selbst die großen Metropolen erreichen. Die Staatsführung ist sich der Gefahren durchaus bewusst und versucht gegenzusteuern – nur einfach ist es nicht ... Nehmen wir noch ein biblisches Beispiel: Eine klimabedingte Missernte durch Unwetter oder Dürren, gefolgt von einer weiteren und einer weiteren, 7 Jahre in Folge. So etwas kann passieren. Jederzeit. Und durch den Klimawandel wird so etwas auch wahrscheinlicher. Jeder, der schon mal an einem Roulette-Tisch stand, weiß, dass auch 7 Mal hintereinander Schwarz fallen kann. Und jetzt stellen wir uns vor, dass von den knapp 1,4 Milliarden Chinesen 200 Millionen an Hunger leiden. Das ist zwar ein kleiner Teil der Gesamtbe-völkerung, aber glauben Sie, das geht reibungslos vonstatten? Oder wird das die chinesische Gesellschaft in Unruhe versetzen und Wanderungsbewegungen, soziale Unruhen usw. nach sich ziehen? So etwas hat unmittelbare Auswirkungen auf die wirtschaftliche Entwicklung. Und wenn China hustet, kränkelt auch der Rest der Welt. Denn China ist nicht nur ein großer Markt, China ist insbesondere die Werkbank der restlichen Welt. Ohne China kein Handy, kein Spielzeug, kein was auch immer. Wenn ein Teil Chinas Hunger leidet, rutschen wir alle in eine Wirtschaftskrise. Unsere Banken haben ja auch schon Probleme bekommen, weil in den USA Menschen vor 2007 Häuser kaufen konnten, obwohl sie eigentlich weder genügend Eigenkapital, noch finanzielle Sicherheiten hatten. Finanzkrise und Klima? In unserer modernen Welt untrennbar miteinander verbunden! Was für Folgen die Erwärmung der Atmosphäre letztendlich haben wird, können wir aktuell womöglich noch gar nicht abschätzen. Aus rein wissenschaftlicher Sicht kann man aber sehr wohl versuchen, die Entwicklung der Erderwärmung abzuschätzen bzw. vorherzusagen. Es geht um Klimamodelle. Was können sie und was können sie nicht?

Klimamodelle *Tim Staeger*

Wieso kann man Aussagen über das Klima in 100 Jahren treffen, wenn man nicht einmal das Wetter der kommenden Woche genau vorhersagen kann?
Bestimmt haben Sie sich auch schon einmal über eine misslungene Wettervorhersage geärgert. Das Wetter spielt uns leider immer mal wieder einen Streich, indem es sich anders entwickelt, als vorhergesagt. Wieso versucht man dann aber das Klima im Jahr 2100 vorherzusagen?
Klimamodelle liefern gar keine Prognosen! Es ist unmöglich vorherzusagen, dass es beispielsweise am 15. April 2098 in Frank-

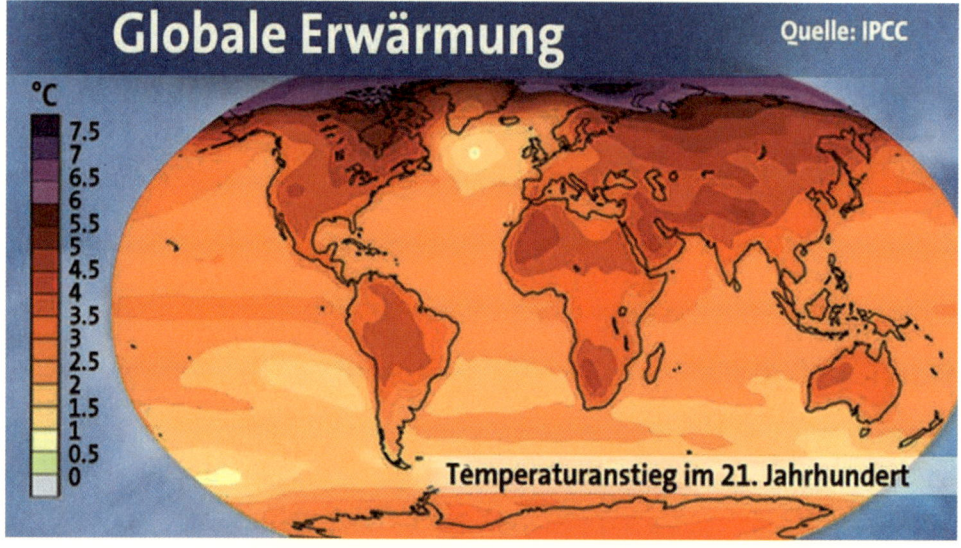

furt am Main wechselnd bewölkt und bei maximal 15 Grad weitgehend trocken bleiben wird. Wir erfahren lediglich, dass die durchschnittliche Höchsttemperatur im April mit einer gewissen Wahrscheinlichkeit im Zeitraum 2090 bis 2100 etwa 2 bis 4 Grad höher liegen wird als heute.

Klimamodelle liefern Aussagen über die Statistik des Wetters in der Zukunft, also welche durchschnittlichen Temperaturen oder Niederschlagsmengen zu erwarten sind, aber auch wie stark diese Werte um den Mittelwert schwanken, wie variabel sie also sein werden. Denn Klima ist quasi die Statistik des Wetters.

Diese sogenannten Klimaprojektionen sind empfindlich davon abhängig wie viele Mengen an Treibhausgasen künftig in die Atmosphäre eingebracht werden, was sich jedoch nur vage abschätzen lässt. Um hier Abhilfe zu schaffen, bedient man sich unterschiedlicher Szenarien, die mögliche künftige Entwicklungen berücksichtigen sollen. Diese Szenarien unterscheiden sich beispielsweise bezüglich der Entwicklung der Weltbevölkerung, der wirtschaftlichen Zusammenarbeit der einzelnen Länder oder dem Einsatz regenerativer Energien in den kommenden Jahrzehnten.

Die Klimamodelle werden mit den Daten aus diesen Szenarien gefüttert und rechnen nun ähnlich wie Wettermodelle in die Zukunft. Nur sind für Klimaentwicklungen im Zeitraum von Jahrzehnten zusätzliche Informationen beispielsweise über sich ändernde Meeresströmungen, Eisbedeckungen oder Änderungen der Vegetation notwendig, die für das Wettergeschehen in den kommenden Tagen zu vernachlässigen sind.

Es werden bei diesen Klimaprojektionen (nicht Vorhersagen) noch weitaus mehr Prozesse simuliert, als bei einer Wettervorhersage. Deswegen brauchen selbst die leistungsfähigsten Großrechner mitunter mehrere Monate, um eine solche Projektion zu erstellen. Die Unwägbarkeiten sind bei einem Blick so weit in die Zukunft verständlicherweise immer noch so groß, dass ein Unsicherheitsbereich angegeben wird, innerhalb dessen die Ergebnisse mit einer gewissen Wahrscheinlichkeit liegen werden.

Trotz aller Ungenauigkeiten zeichnet sich bezogen auf das vorindustrielle Temperaturniveau bis etwa 1850 eine Erwärmung im weltweiten Mittel zwischen 2 und 4 Grad bis zum Jahr 2100 ab. Diese Aussage wiederum ist sehr wahrscheinlich zutreffend. Am stärksten erwärmt sich die Arktis, wo eine positive Rückkopplung im Gange ist: durch abschmelzendes Meereis wird die Oberfläche dunkler, reflektiert weniger Sonnenlicht und erwärmt sich stärker, wodurch das Abschmelzen weiter verstärkt wird.

Ist der aktuelle Klimawandel menschgemacht? *Thomas Ranft*

Im Jahr 2017 noch diese Frage zu stellen, ist eigentlich überflüssig, aber die meisten Menschen lesen als Feierabendlektüre ja keine wissenschaftlichen Abhandlungen, um sich umfassend über das Thema zu informieren und die Problematik besser einordnen zu können. Deswegen hier ein paar Worte dazu. Vorab: Ich lese auch keine wissenschaftlichen Abhandlungen in meiner Freizeit. Aber nun habe ich seit Jahren mit diesem Thema zu tun, und kann vielleicht Folgendes sagen: Die veröffentlichten Klimaberichte des IPCC, des »Weltklimarates« der Vereinten Nationen, beruhen ja nicht auf Forschungsergebnissen des IPCC selbst. Denn das könnte tendenziös sein. Was dieser

Rat aus weltweit hochgeschätzten Experten macht, ist Tausende wissenschaftliche Arbeiten von Experten zum Klimawandel zusammenzutragen und auf ihre Stichhaltigkeit hin zu untersuchen. Dann wird in mehreren Begutachtungsrunden darüber diskutiert und schließlich Aussagen getroffen, die lauten können: mit hoher Wahrscheinlichkeit, sehr wahrscheinlich, mit über 90prozentiger Wahrscheinlichkeit. Derartige Aussagen in Zweifel zu ziehen ist schwierig. Denn sie sind keine Einzelmeinungen und können aufgrund der unterschiedlichsten Interessen der Teilnehmer kaum noch tendenziös sein. Wenn man solch eine Vielzahl unabhängig voneinander entstandener Forschungsberichte verschiedenster Experten hat, die hohe Übereinstimmungen und ähnliche Ergebnisse aufweisen, warum gibt es dann immer noch Menschen, die den Einfluss von CO_2 auf das Klima in Frage stellen? Einer der womöglich ausschlaggebendsten Gründe ist: Menschen mögen keine Veränderungen. »Das war schon immer so!«

»Das soll so bleiben, das ist doch schön!«

»Noch fließen das Öl und das Gas ja, und wir können es auch noch bezahlen. Also warum sollten wir etwas ändern?«

Vielleicht hilft die folgende Grafik beim Verständnis:

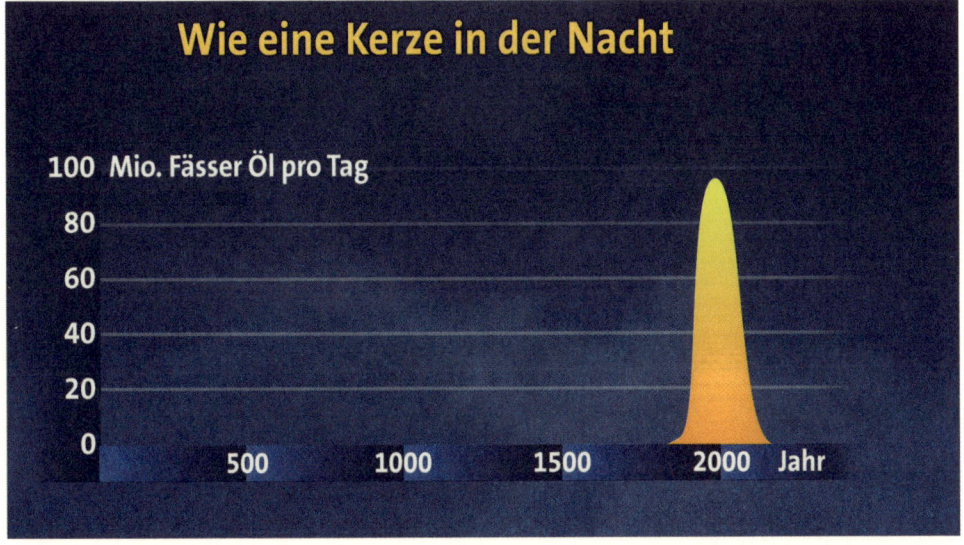

Die Entwicklung des Erdölverbrauchs

Dichter Nebel von oben betrachtet, © Thomas Ranft

Das, was wir heute als völlig normal und selbstverständlich ansehen, war es nicht immer: Die Menschheit lebte bis vor zwei Jahrhunderten ohne Öl, und sie wird auch sehr bald wieder ohne Öl auskommen müssen – und das für den restlichen Zeitraum ihrer Existenz. Öl, Gas und Kohle haben die moderne Entwicklung mit all seinen Segnungen erst möglich gemacht, das steht außer Frage. Aber im Umgang mit diesen Ressourcen sind auch gravierende Fehlentwicklungen zu verzeichnen, z. B. die enorme Energieverschwendung. Darüber hinaus sind wir jetzt an einem Punkt angelangt, wo wir die technischen Möglichkeiten und Fähigkeiten haben, um es besser zu machen, nachhaltiger, mit einem geringeren negativen Einfluss auf unsere Umwelt. Der Weg dorthin wird sicher nicht fehlerfrei und problemlos vonstattengehen, aber er ist alternativlos, denn selbst ohne die Klimawandeldiskussion ist eigentlich jedem klar: Bald ist der Sprit alle. Aber, und damit komme ich zum Ausgangspunkt zurück, wir mögen nun einmal keine Veränderungen. Weil »weiter wie bisher« bequemer ist. Und tatsächlich hängen ja am Geschäft mit dem Öl, Gas und der Kohle eine Menge Jobs und Existenzen – die ganze Wirtschaftskraft. Ob im Kraftwerksbereich, im Automobilsektor

oder bei Energiegesellschaften – wer will schon seinen Arbeitsplatz verlieren? Und wer garantiert, dass nach der Veränderung alles besser wird? Deswegen stellt man diese ganze Klimawandelgeschichte gerne in Frage. Auch deshalb, weil es ja nicht so einfach zu verstehen ist. Erwärmung der Atmosphäre klingt erstmal harmlos, aber es heißt bei Weitem nicht, dass es einfach nur wärmer wird. Es wird wärmer, aber in manchen Regionen mehr als in anderen, es wird nasser und trockener, es gibt mehr Unwetter etc. Und weil wir kein Sinnesorgan zur Wahrnehmung von Klima haben, können wir Klimawandel so schlecht spüren. Außerdem sehen wir es nicht als notwendig an, sofort zu handeln, weil wir die Konsequenzen unseres Verhaltens, das zur Klimaerwärmung führt, nicht sofort am eigenen Leib erfahren. Wie z. B. bei einem Sonnenbad: Wenn man sich nicht eincremt, bekommt man i. d. R. einen Sonnenbrand. Weil das weh tut, cremt man sich beim nächsten Mal ein. Zumindest die meisten Menschen. Manche leider trotzdem nicht, wie man an einem beliebigen Strand auf Mallorca die gesamte Sommersaison über beobachten kann. Damit will ich sagen, dass Menschen häufig nicht vernünftig handeln, und bei einem so schwierigen Thema, das so

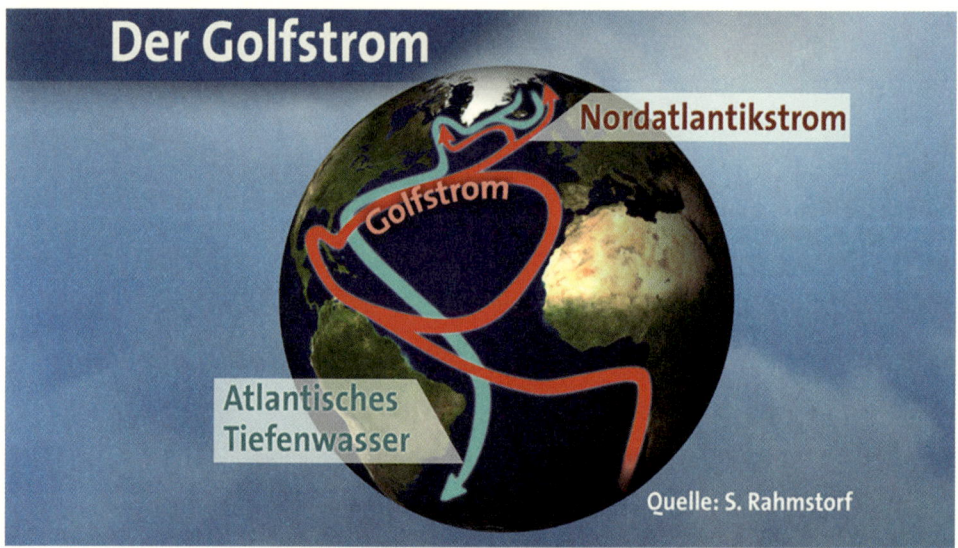

Der Golfstrom

Nordatlantikstrom

Golfstrom

Atlantisches Tiefenwasser

Quelle: S. Rahmstorf

weit weg von persönlichen Auswirkungen zu sein scheint, umso mehr. Ich weiß, dass ein Flug nach Thailand den Großteil meiner CO_2-Emissionen pro Jahr verursacht – mehr als ich mit zwei Porsches das ganze Jahr über verfahren könnte, und nichts, was ich mit gesundem veganen Bio-Essen aus der Region kompensieren kann. Aber die zwei Wochen Urlaub sind einfach toll und es fühlt sich für mich persönlich gut an. Leider denke nicht nur ich so, sondern vermutlich jeder der 7 Milliarden Menschen auf dieser Welt, der sich das leisten kann. Und das kann nun wirklich der Todesstoß sein. Wenn Politik nicht Rahmenbedingungen schafft. Der deutsche Astronaut Alexander Gerst hat in einem Interview zu mir gesagt, dass seit er auf der ISS war und hinunter geblickt hat auf die Erde und die enorm dünne Schicht der Atmosphäre, und gesehen hat, dass alles miteinander zusammenhängt, er verstanden hat, dass die Menschheit die Erde vernichten kann – aus Versehen!

Vor diesem Hintergrund ist es eine herausragende diplomatische Leistung, dass die UNO sich in Paris im Dezember 2015 dazu verpflichtet hat, die CO_2-Emmissionen nennenswert zu reduzieren, um die Klimaveränderung zu bremsen bzw. zu stoppen.

Die Generalsekretärin des Wissenschaftlichen Beirats der Bundesregierung Globale Umweltveränderungen, Frau Dr. Inge Paulini, hat mir mal erklärt, dass es dabei nicht hilft, wenn wir bloß darüber nachdenken, wie wir Emissionen reduzieren können. Warum? Wenn man die in Paris verabschiedeten Ziele betrachtet, kann man ausrechnen, wie viel CO_2 die Menschheit dann überhaupt noch in Zukunft in die Luft blasen kann. Vergleicht man diese Menge mit dem, was wir aktuell emittieren, stellen wir fest, dass, wenn wir uns nicht ändern, bereits in fünf Jahren die Hälfte des Kontingents aufgebraucht ist. Wenn wir auf der anderen Seite wissen, wie langsam eine Energiewende vonstattengeht, insbesondere, wenn wir global denken, ist es mit Reduktion nicht getan. Da fahren wir fast ungebremst an die

Wand. Dr. Paulini sagt: »Wir müssen zuerst darüber nachdenken, wie wir ohne Emissionen unser Leben gestalten können.« Hier etwas weniger und dort etwas weniger wird uns in Anbetracht der Dringlichkeit der Lage nicht helfen. Ein spannender Gedanke, denn er bedeutet nichts anderes, als dass wir unseren Umgang mit Ressourcen und unser Leben grundsätzlich ändern müssen. Ob das gelingt? Können wir eine globale Energiewende schaffen, und gleichzeitig unseren Lebensstandard, unsere Lebensqualität nicht nur halten, sondern sogar verbessern? Auch wenn noch nicht alle Antworten auf dem Tisch liegen, viele Experten bejahen das, und wenn uns die Menschheitsgeschichte eines lehrt, dann dies: Not macht erfinderisch. Der »Wettbewerb für die besten Ideen« läuft bereits. Weltweit wird Geld in die Erforschung neuer Ideen gesteckt. Es geht dabei nicht nur um das Ausgestalten der Energiewende, sondern auch um einen Wettlauf: Wer hat bei den zukünftigen Lösungen für Energie und Leben die Nase vorn? Währenddessen wollen wir einen von vielen Aspekten betrachten, die das Klima neben dem CO_2- Gehalt in der Atmosphäre auch noch beeinflussen ...

Der Golfstrom oder: Wie die Warmwasserheizung Europas auch hierzulande das Klima entscheidend beeinflusst. *Tim Staeger*

Bewegt man den Finger auf dem Globus von Frankfurt am Main entlang des 50. Breitengrades nach Westen, so gelangt man irgendwann nach Winnipeg in Kanada. Dort beträgt die Jahresmitteltemperatur 2,7 Grad Celsius, in Frankfurt dagegen 9,7 Grad. Wie kommt dieser Unterschied zustande?

Der Golfstrom befördert sehr warmes Oberflächenwasser aus dem Golf von Mexiko entlang der Nordamerikanischen Ostküste. Am Cape Hatteras vor North Carolina schwenkt er auf das offene Meer nach Nordosten über den Atlantik, wo er seinen Namen in Nordatlantikstrom ändert. Im weiteren Verlauf zweigen verschiedene Strömungsäste nach Norden bzw. Süden ab. Der Hauptstrom führt nördlich an den Britischen Inseln vorbei entlang der norwegischen Küste bis ins Nordpolarmeer. Mit einer Fördermenge von etwa 150 Millionen Kubikmeter Wasser und einer Fließgeschwindigkeit von 2,5 m, beides pro Sekunde wohlgemerkt, ist er eine der stärksten Meeresströmungen der Welt.

Der Golfstrom und der Nordatlantikstrom sind Teil eines weltumspannenden Systems von Meeresströmungen, welches durch Unterschiede in der Wassertemperatur und des Salzgehaltes angetrieben wird. Diese thermohaline Zirkulation wird auch als globales Förderband bezeichnet. Südlich von Grönland sinkt sehr kaltes und salziges Oberflächenwasser aufgrund seiner hohen Dichte wie in einem Fahrstuhl bis in 4 km Tiefe. Aufgrund der Sogwirkung wird oberflächennahes Wasser nachgezogen, wodurch der Golfstrom angetrieben wird. Das abgesunkene Tiefenwasser fließt entlang des Meeresbodens im Atlantik südwärts bis zur Antarktis und weiter in den Indischen und Pazifischen Ozean, wo es an verschiedenen Stellen wieder aufsteigt. Insgesamt bildet sich hierdurch ein globales Strömungssystem aus.

Das relativ warme Oberflächenwasser im östlichen Nordatlantik wirkt wie eine Warmwasserheizung für Europa. Hierdurch genießen wir in der Regel milde Winter, da die Luftströmungen aus Westen über das recht milde Meerwasser ziehen und sich dadurch erwärmen. Sogenannte Strengwinter gibt es in Deutschland nur in Verbindung mit einer östlichen Luftströmung, wenn kalte Kontinentalluft aus Russland nach Mitteleuropa vorstoßen kann.

Somit beträgt die durchschnittliche Temperatur im Januar in Winnipeg minus 17,8 Grad Celsius, in Frankfurt am Main plus 0,7 Grad Celsius und in Wolgograd in Russland auf etwa 49 Grad nördlicher Breite wiederum minus 13 Grad Celsius.

Tropisches Deutschland? *Thomas Ranft*

Krokodil Diplocynodon darwini. Foto: Senckenberg, Messelforschung

Insekt Prachtkäfer, Buprestidae, Psiloptera weigelti. Foto: Senckenberg, Messelforschung

Jetzt wissen wir also, dass es in Deutschland wärmer ist als in anderen Regionen auf dem gleichen Breitengrad. Wenn wir allerdings weit genug in die Vergangenheit blicken, stellen wir fest, dass es auch noch deutlich wärmer geht. Zwischen Frankfurt und Darmstadt liegt die Grube Messel, ein stillgelegter Ölschiefer-Tagebau. 1859 begann man mit Grabungen und stieß auf Ölschiefer, der dort bis 1971 zur Erdölgewinnung abgebaut wurde. Danach sollte diese Grube eine Mülldeponie werden. Allerdings hatte man dort bereits gut hundert Jahre vorher das erste Alligatorenskelett gefunden, und Wissenschaftler, insbesondere vom Forschungsinstitut Senckenberg, vermuteten weitere Funde. So wurde aus der Grube Messel statt einer Müllhalde eine der wichtigsten Grabungsstätten zur Erkundung unserer Vergangenheit. Unzählige Fossilien von Pflanzen und Tieren, teilweise 48 Millionen Jahre alt, wurden bereits entdeckt und die Grabungen werden wohl noch etwa 100 Jahre weitergehen können – so viel Material steht zur Verfügung. 1995 ist die Grube Messel zum UNESCO-Weltnaturerbe ernannt worden. Das bemerkenswerte an ihr ist, dass sie uns einen Blick in das Leben und das Klima vor 300 Millionen Jahren

ermöglicht – denn so alt sind die Gesteine, auf denen die Fossilienablagerung in Messel zu finden sind. Und siehe da, wir stellen fest: damals herrschte in Hessen tropisches Klima! Wie kann das sein? Nun, die Kontinente bewegen sich, und damals lag Hessen deutlich näher am Äquator. Es war folglich wärmer, mit allen daraus resultierenden Folgen: Es wuchsen Palmen, aber nicht nur bei uns, sondern auch noch viel weiter nördlich ...

Palmen in der Arktis
Tim Staeger

In der Erdgeschichte gab es große Klimaschwankungen – die Lage der Kontinente spielte dabei eine entscheidende Rolle.
In Ablagerungen am Meeresboden der Arktis wurden Palmenpollen gefunden, die sich vor etwa 53,5 Millionen Jahren dort abgelagert haben. Demnach herrschte damals in der Nordpolarregion ein nahezu tropisches Klima. Schaut man nur lange genug in die Vergangenheit zurück, so staunt man nicht schlecht, wie extrem unterschiedlich die klimatischen Bedingungen auf unserem Planeten waren.

Aktuell befinden wir uns im Quartären Eiszeitalter. Als Eiszeitalter bezeichnen Paläoklimatologen eine Zeit, in der es Eisvorkommen auf unserem Planeten gibt. Das ist zwar für uns der Normalzustand, betrachtet man jedoch die gesamte rekonstruierbare Klimageschichte, die etwa 3,8 Milliarden Jahre in die Vergangenheit zurückreicht, so war dies nur in etwa 10 bis 20 Prozent der Zeit der Fall. Während der übrigen gut drei Milliarden Jahre gab es nicht ein Stückchen Eis auf dem ganzen Planeten, nicht mal am Süd- oder Nordpol. Wie kann das sein?

Die Lösung des Rätsels findet sich in der langsamen, aber stetigen Verlagerung der Kontinentalplatten, welche durch die sogenannte Plattentektonik beschrieben wird. So schiebt sich beispielsweise die Indische Platte mit einer Geschwindigkeit von aktuell etwa 5 cm pro Jahr nordwärts unter die Eurasische Platte und türmte so in den vergangenen 40 Millionen Jahren den Himalaya auf. Andernorts entfernen sich Kontinente voneinander wie beispielsweise Afrika und Europa von Amerika. Inmitten des Atlantiks befindet sich ein unterseeisches Gebirge, der Mittelatlantische Rücken, welcher von Island bis fast zur Antarktis reicht. Entlang dieser Struktur tritt Magma aus dem darunterliegenden Erdmantel empor und schiebt dabei die Afrikanische und Eurasische Platte nach Osten und die Nord- bzw. Südamerikanische Platte nach Westen, und zwar um etwa 1 bis 5 cm pro Jahr. Vor etwa 120 Millionen Jahren waren Afrika und Südamerika somit ein Kontinent, wie die heutigen Küstenlinien immer noch erahnen lassen.

Doch wie kann durch diese geologischen Prozesse das Klima beeinflusst werden? Immer wenn sich Landmassen an einer oder beiden Polarregionen konzentrieren, kann sich Eis bilden und wachsen. Nur dann kann einmal gefallener Schnee für längere Zeit liegen bleiben und durch die starke Reflexion seiner weißen Oberfläche, die sogenannte Albedo, die Umgebung abkühlen. Dadurch kommt ein sich selbst verstärkender Prozess, die Eis-Albedo-Rückkopplung, in Gang. Dies geschah zuletzt vor etwa 30 Millionen Jahren, als die bis dahin eisfreie Antarktis immer näher in die Gegend des Südpols wanderte und mit einem bis zu 4 km dicken Eispanzer überzogen wurde. Zudem prägte sich nach der Ablösung Australiens, Indiens und Südamerikas eine Meeresströmung rund um die Antarktis aus, welche einen Wärmeaustausch mit tropischen Regionen verhindert. Am Nordpol befindet sich zwar kein Kontinent, doch wird er von den großen Landmassen Sibiriens, Kanadas und Grönlands umschlossen. Wahrscheinlich sorgte erst die Vereinigung Nord- und Südamerikas vor etwa 5 Millionen Jahren durch die Entstehung des Golfstroms für die Zufuhr feuchter Luftmassen nach Norden, wodurch der Schneefall in der Arktis zunahm und den Grönländischen Eispanzer beschleunigt wachsen ließ.

Zwischen dem Permokarbonischen Eiszeitalter vor etwa 300 bis 250 Millionen Jahren und dem aktuellen Quartären Eiszeitalter, welches vor etwa 2,5 Millionen Jahren einsetzte, lag eine sehr lange eisfreie Epoche, während der die Erde von tropischen Wäldern bedeckt war. Die heutigen Ablagerungen von Erdöl und Erdgas stammen aus dieser Zeit. Möglicherweise führt das Verbrennen gerade dieser Energieträger, und die damit verbundene Anreicherung der Atmosphäre mit Treibhausgasen, die seit Jahrmillionen im Erdinneren gebunden waren, aus dem aktuellen Eiszeitalter heraus.

Planeten – Mars und Saturn © Mario Weigand

Planeten-Klima *Thomas Ranft*

Es klingt ja teilweise schon verrückt, wie sich das Klima verändert hat auf dieser Welt. Gibt es eigentlich auch auf anderen Planeten Klima? Jeder, der Star Wars gesehen hat, würde das natürlich bejahen, wenn man an die Szenen denkt, in denen Luke Skywalker in einer Eiswüste fast von einem yeti-ähnlichen Wesen gefressen wird oder, wenn er mit kleinen zotteligen Partnern auf fliegenden Motorrädern in Urwäldern imperiale Streitkräfte bekämpft.

Jetzt aber im Ernst: für Klima braucht man eine Atmosphäre, und da wird die Definition schon schwieriger. Die äußeren vier Planeten unseres Sonnensystems, Jupiter, Saturn, Uranus und Neptun, sind sogenannte Gasplaneten.

Sie bestehen fast nur aus Gas, Wasserstoff und Helium. Gesteine und Metalle gibt es dort kaum. Man könnte also erstmal nicht auf einem festen Untergrund stehen. Das, was wir zum Beispiel vom Saturn sehen, ist im Prinzip nur die oberste Wolkenschicht, darunter befindet sich fast nur Gas, das natürlich umso mehr komprimiert wird, je weiter innen es sich befindet. Das bedeutet, das Gas wird irgendwann unter Druck flüssig, und noch weiter in Richtung Planetenmittelpunkt steht es unter einem so starken Druck, dass es fest wird. Diese Planeten rotieren ziemlich schnell. Deswegen verwirbelt das Gas besonders im äußeren Bereich gehörig und es gibt heftige Stürme. Am Südpol des Saturns befindet sich ein ortsfester und dauerhafter hurrikanähnlicher Sturm mit einem Durchmesser von etwa 8000 km. Ungemütliches Wetter! Und wenn wir von Wetter sprechen können, dann auch von Klima.

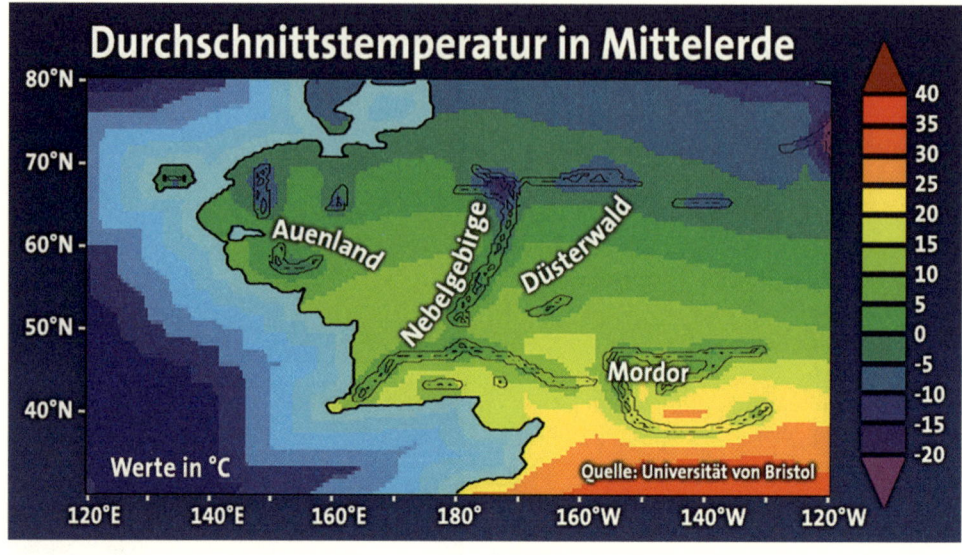

Der Mars ist der Planet, mit dem wir uns derzeit am meisten beschäftigen. In den 2030er Jahren, so der Plan, werden vermutlich die ersten Menschen dort landen. Der Durchmesser des Mars ist etwa halb so groß wie der der Erde und die Anziehungskraft nur ein Drittel so groß. Der rote Planet hat eine Atmosphäre, die zum Großteil aus CO_2 besteht. Es gibt auch etwas Sauerstoff und natürlich Eisenoxid-Staub – das Rostrot gibt dem Planeten seine Farbe. Im Boden werden erhebliche Wassermengen vermutet, sodass wir durchaus die Chancen hätten, mit der entsprechenden Ausrüstung dort zu überleben. Allerdings ist es dort immer noch ziemlich ungemütlich. Der Luftdruck liegt zwischen 6 und 10 hPa. Zum Vergleich: Bei uns in Deutschland liegt er durchschnittlich bei 1013 hPa. Die Temperaturen sinken zeitweise auf unter minus 120 Grad, an der Sonne können es aber auch über 20 Grad sein. Berüchtigt ist der Mars ob seiner Staubstürme, die in der höheren Atmosphäre Windgeschwindigkeiten jenseits der 600 km/h, in Bodennähe immer noch rund 400 km/h erreichen können. Verrückte oder ungewöhnliche Klimasituationen? Tim hat ein Beispiel für Literatur- und Film-Liebhaber ...

Das Klima von Mittelerde *Tim Staeger*

Was passiert, wenn man ein Klimamodell mit den geografischen Daten von Mittelerde füttert?

Dieser Frage ist man an der Universität in Bristol nachgegangen. Das mag etwas verschroben wirken, hat jedoch durchaus einen wissenschaftlichen Hintergrund. Denn Klimamodelle basieren auf physikalischen Gesetzen und sollten auch unter ungewöhnlichen Randbedingungen plausible Ergebnisse liefern können.

Um dies zu prüfen, werden auch erdgeschichtliche Land-Meer-Verteilungen herangezogen, soweit man diese abschätzen kann, um beispielsweise das Klima zur Zeit der Kreide-Paläogen-Grenze vor 65 Millionen Jahren zu rekonstruieren, als die Dinosaurier kurz vor ihrer Auslöschung durch einen Meteoriten-Einschlag standen.

Nun hat J. R. R. Tolkien seine Fantasy-Welt sehr detailliert beschrieben, sodass mithilfe einiger notwendiger zusätzlicher Annahmen, wie beispielsweise der Kugelgestalt von Arda, so der Name seiner fiktiven

Schöpfung, dem CO_2-Gehalt der Atmosphäre oder der solaren Bestrahlungsstärke, genug Informationen vorhanden sind, um damit ein Klimamodell zu füttern und loszurechnen.

Tolkien selbst war sehr detailverliebt und man sagte ihm auch ein gewisses Maß an Perfektionismus nach. Dementsprechend wollte er seine Neuschöpfung so realistisch wie möglich gestalten. Das beinhaltete auch eine nachvollziehbare Verteilung der Klimazonen. Durch die Klimasimulation lässt sich nachträglich prüfen, ob das von ihm beschriebene Klima plausibel ist.

Das verwendete Klimamodell HadCM3L des britischen Wetterdienstes simuliert sowohl die Zirkulation des Atmosphäre, als auch des Ozeans. Es löst die verwendeten Gleichungen in einem dreidimensionalen Gitter mit einem Gitterpunktabstand von 3,75 Grad geografischer Länge auf 2,5 Grad geografischer Breite in 20 ozeanischen und 19 atmosphärischen Schichten. Mit ihm lässt sich das reale irdische Klima nach aktuellem Stand der Kunst gut nachvollziehen.

Angewandt auf Mittelerde ergibt sich grob folgendes Bild: Die Jahresmitteltemperatur des nördlichen Gebiets Forodwaith liegt unter dem Gefrierpunkt, wogegen sie in der südlichen Region Haradwaith über 30 Grad beträgt. Im Auenland, der Heimat der Hobbits, ergibt sich eine über das Jahr gemittelte Temperatur von 7 Grad und eine Niederschlagssumme von 610 Litern pro Quadratmeter. Dies entspricht in etwa dem Klima von Weißrussland, in Großbritannien am ehesten dem der Grafschaften Lincolnshire und Leicestershire in Zentralengland.

Das Klima Mordors, dem Sitz des dunklen Herrschers Sauron, entspricht in etwa dem in Los Angeles, im Westen von Texas oder in Alice Springs im Innern Australiens. Insgesamt ist das Klima östlich des Nebelgebirges aufgrund seiner größeren Entfernung zum Meer kontinentaler, mit strengeren Wintern und heißeren Sommern.

Zudem liegt der Düsterwald eigentlich im Regenschatten, da die von Westen heranziehenden Niederschläge größtenteils im Stau des Nebelgebirges abregnen. Möglicherweise ist jedoch aufgrund der recht nördlichen Lage des Düsterwaldes dort die Verdunstung gering und der Wald erhält sich aufgrund seiner immensen Größe, vergleichbar dem Amazonas-Regenwald, sein eigenes Mikro-Klima.

Interessanterweise herrschen im Bereich der Grauen Anfurten, von wo aus die Elben gen Westen segeln, aufgrund der mittleren Luftdruckverteilung vorwiegend Ostwinde vor, die eine Überfahrt nach Valinor erst ermöglichen.

Wer an weiteren Details zum Klima in Mittelerde interessiert ist, dem sei die wissenschaftliche Abhandlung *The Climate of Middle Earth* nahegelegt, die Radagast der Braune in Kooperation mit dem Cabot Institute der Universität von Bristol veröffentlicht hat.

Einmal hoch hinaus!
Thomas Ranft

Leben in einer anderen Welt? Auf einem anderen Planeten? Nun, wer will nicht hoch hinaus? Seit es Menschen gibt, besteht die Sehnsucht, ins All zu reisen. Gut, so weit wollen wir jetzt gar nicht, aber etwas höher als nur in die ersten zehn Kilometer, in denen unser Wetter stattfindet, und in denen unsere Flugzeuge unterwegs sind. Denn auch darüber befindet sich ja Atmosphäre, mehrere Hundert Kilometer hoch. Die Luft setzt sich dort anders zusammen und wird auch immer dünner. Ebenso herrscht dort eine andere Temperatur vor. Und während sich am Boden unzählige Moleküle auf einem Kubikmillimeter drängeln, kann man in den höheren Schichten schon ziemlich lange unterwegs sein, bis man das nächste Teilchen trifft. Dennoch hat jeder Bereich der Atmosphäre seine Aufgabe. Und wie dünn sie eigentlich ist, sieht man

Grenze zum Weltraum

Polarlicht

Kármán-Linie — 100 km —

80 km

Mesosphäre

50 km

Stratosphäre

Troposphäre 10 km

vom Weltall aus. Sie ist dünner als eine Eierschale, eher so dünn wie das Häutchen zwischen Schale und Ei. Unglaublich dünn und verletzlich. Schauen wir uns doch jetzt mal den Teil der Atmosphäre an, der dafür zuständig ist, dass wir nicht so schnell einen Sonnenbrand bekommen. Oder anders gefragt: Was macht eigentlich das Ozonloch, Tim?

Wann schließt sich das Ozonloch wieder?

Tim Staeger

Im antarktischen Frühling erreicht das Ozonloch über dem Südpol seine größte Ausdehnung.
Wenn im August die Sonne über der Antarktis wieder zu scheinen beginnt, wird in der dort unter minus 90 Grad kalten Stratosphäre in 15 bis 50 km Höhe jedes Jahr ein zerstörerischer chemischer Kreislauf in Gang gesetzt. In der Folge verringert sich die Ozonkonzentration in diesen Höhen dramatisch, wodurch vermehrt harte UV-B-Strahlung bis zum Erdboden durchdringen kann.

Verursacht wird der stratosphärische Ozonabbau vor allem von halogenierten Fluor-Chlor-Kohlenwasserstoffen, kurz FCKW, die seit 1987 zwar durch das Montreal-Protokoll verboten sind, jedoch in Kühlmitteln und Treibgasen enthalten waren und sich wegen ihren langen Verweilzeiten von bis zu 100 Jahren nachhaltig in der Stratosphäre angereichert haben. Bei einer Temperatur unter minus 78 Grad und Sonnenlicht kann ein einzelnes Chlor-Atom viele Tausend Ozon-Moleküle aufspalten. Diese Bedingungen sind vor allem in der Stratosphäre über der Antarktis gegeben, die sich durch einen ausgeprägten Polarwirbel im südhemisphärischen Winter nicht mit der Umgebung durchmischt und dadurch in der Polarnacht stark auskühlen kann. Das erste Sonnenlicht im August setzt dann den zerstörerischen Prozess in Gang. Im Rekordjahr 2006 hatte das Gebiet über der Antarktis mit einer Ozonkonzentration unter dem festgelegten Grenzwert von 220 sogenannten Dobson-Einheiten (DU) eine mittlere Ausdehnung von 26,6 Mio. Quadratkilometer erreicht. Der größte Tageswert von 29,9 Mio. Quadratkilometern wurde jedoch bereits am 9. September 2000 gemessen. In den Jahren vor 1980 lag die

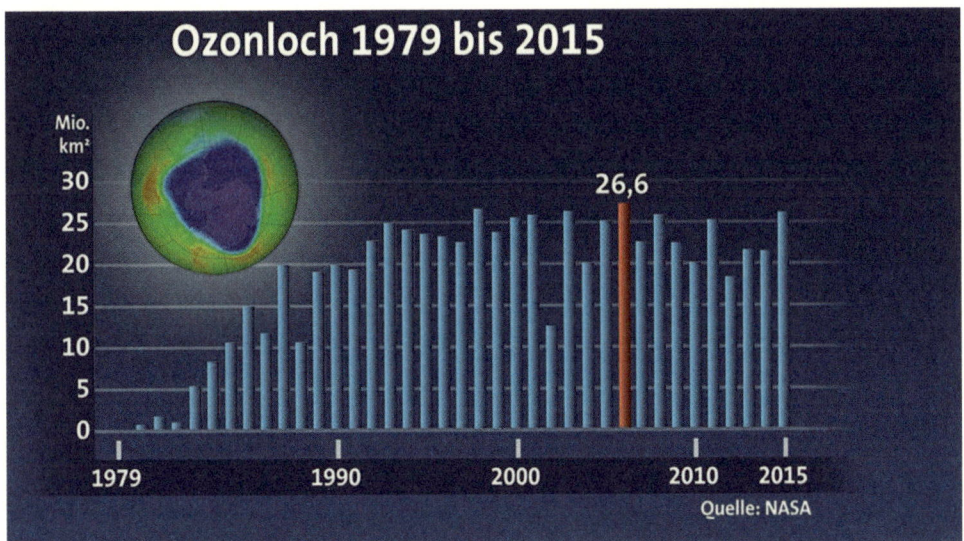

Ozon-Konzentration dort das ganze Jahr über bei 225 DU, 1994 sank sie bis auf den Rekordwert von 73 DU ab.

Durch das Ozonloch ist das Hautkrebsrisiko in Neuseeland und Australien beträchtlich gestiegen. Auf der Nordhalbkugel verhindert die ungleichmäßige Verteilung von Landmassen und Ozeanen die Ausprägung eines wohlgeordneten stratosphärischen Polarwirbels, wodurch sich die Luft besser durchmischt und im Winter nicht so stark auskühlt wie auf der Südhalbkugel. In der Folge finden die chemischen Ozon-Killer hier nicht dieselben idealen Bedingungen vor, wie Down Under.

In den kommenden Jahrzehnten, möglicherweise bereits bis Mitte des 21. Jahrhunderts, wird sich das Ozonloch nach Einschätzung von Experten langsam wieder schließen. Die Stratosphäre über der Antarktis kühlt sich im Zuge des vom Menschen verursachten Zusatz-Treibhauseffektes in den kommenden Jahren zwar noch weiter ab, denn Wärme wird in tieferen Atmosphärenschichten gefangen gehalten und erreicht dadurch nicht mehr die Stratosphäre, was dort die Bedingungen für den Ozonabbau begünstigt. Jedoch verringern sich die FCKW weiterhin systematisch, was sich langfristig entscheidend auswirken sollte.

Kurz vor der Sendung. © Thomas Ranft

ALLE WETTER!

»8 Minuten? Nur Wetter? Am Stück? Im Fernsehen? Das will doch keiner sehen!« Wir schreiben das Jahr 2000 und diese Sätze stammen von der Chefredakteurin des Hessischen Rundfunks, nachdem beschlossen wurde, eine neue Sendung im Vorabendprogramm zu platzieren. Vermutlich war sie nicht die einzige Bedenkenträgerin, denn so etwas hatte es vorher nicht gegeben, und gibt es bis heute auf keinem anderen Sendeplatz, bundesweit. 8 Minuten Wetter? Kein Problem. Seit vielen Jahren ist es sogar eine Viertelstunde, werktäglich, zur besten Sendezeit ab 19:15 Uhr.

Und wir sind im Laufe der Sendung verlässlich Marktführer in Hessen, vor allen anderen Programmen. Warum? Weil Wetter jeden interessiert. Weil Wetter unglaublich vielfältig und spannend ist. Weil Wetter mehr ist als 25 Grad und Sonnenschein. Und weil wir auch nach über 15 Jahren Sendung feststellen, dass es wohl keinen Bereich des Lebens gibt, der nicht vom Wetter oder Klima berührt wird. Wir erzählen die Geschichten, das Wissenswerte und Überraschende, werktäglich im hr-Fernsehen, und wie das aussieht, schauen wir uns jetzt einmal an ...

allewetter:

montags bis freitags 19.15 Uhr

hr fernsehen

Die Wetterredaktion des hr

Seit über 50 Jahren präsentiert der Hessische Rundfunk bereits das Wetter in der ARD, wer die Tagesschau verfolgt, kennt auch die Bilder am Ende der Sendung. Früher noch in Schwarzweiß und handgemalt – kein Witz! Heute sind es aufwändige Computeranimationen.

Natürlich waren Wettervorhersagen in den 60er und 70er Jahren noch nicht so gut wie heute. Es standen einem viel weniger Daten zur Verfügung und die Computertechnik steckte noch in den Kinderschuhen. Aber die Kollegen arbeiteten auch damals schon mit Herzblut daran, das Wetter so verständlich wie möglich zu präsentieren. Allerdings war die Sprache noch eine andere als heute. Begriffe wie »Tiefausläufer« wurden gebraucht, aber nicht erklärt – heutzutage undenkbar. Wenn sich »eine Tiefdruckzone von der Biskaya in Richtung Baltikum verlagerte« musste man schon geografisch vorgebildet sein, um sofort zu verstehen, wie die Wolken ziehen. Nicht nur die Vorhersagemodelle und die Computergrafiken haben sich verbessert, sondern auch die sprachliche Vermittlung. Der Ansatz ist klar: es ist nicht nur wichtig, dass wir richtige Vorhersagen machen, sondern natürlich auch, dass die Zuschauer verstehen, welcher Wettereindruck sie erwartet. Bei einer tagesschau-Wettervorhersage ist das natürlich eine Herausforderung. Wenn man nur knapp über eine Minute Zeit hat und sowohl die Wetterlage, als auch die Wolken- und Regenentwicklung, die Tages- und Nachttemperaturen, den Wind und die weiteren Aussichten präsentieren will, wird einem klar, dass einem für jeden Aspekt jeweils nur wenige Sekunden zur Verfügung stehen. Da ist die Sendung *alle wetter!* enorm im Vorteil. Eine Viertelstunde werktäglich, hier kann man Wetterthemen wirklich ausführlich erklären.

Aber bevor ich abschweife, ein paar Sätze zu unserer Redaktion.

Wir sind etwa 40 Kollegen: Meteorologen, Redakteure, Grafiker, Sprecher, Moderatoren. Wir arbeiten in verschiedenen Schichten, für die unterschiedlichsten Sendungen und Programme. Natürlich für alle Hörfunk- und Fernsehprogramme des hr, online auf den Homepages oder Apps, darüber hinaus aber auch für Das Erste. Das tagesschau-Wetter kommt von uns, ebenso das Wetter im Mittagsmagazin, für das ARD-Buffet oder Sonderveranstaltungen, das Wetter für den Sport, Olympia u. ä. Wir sind Ansprechpartner bei Unwettern oder besonderen Wetterlagen, liefern moderierte Wettervorhersagen auf tagesschau24 und selbstverständlich auch das Wetter auf tagesschau.de.

Dafür startet der erste Meteorologe mit der Frühschicht zwischen 4 und 5 Uhr morgens. Und bevor er überhaupt das erste Wort in die Tastatur getippt hat, hat er schätzungsweise schon rund 500 Prognosekarten der verschiedenen Wetterdienste durchgeklickt. Wir haben die Wetterkompetenz im Haus, aber natürlich greifen wir auf eine breite Datenbasis zurück.

Dazu gehören neben den Messdaten vieler Wetterstationen auch exakte Prognosemodelle, hochaufgelöste Satellitenbilder und minutengenaue Regenradarechos. Wie die Lotsen und Meteorologen der Deutschen Flugsicherung greift die Redaktion auf die Daten der genormten und geeichten Wetterstationen der WMO (World Meteorology Organisation) zu. Hier stehen die Wetterdaten von weltweit mehr als 10 000 Stationen zur Verfügung. Hinzu kommen die deutschlandweit mehr als 2000 Stationen des Bundes und der Länder.

Neben den hochaufgelösten Prognosemodellen des Deutschen Wetterdienstes (Cosmo-EU und GME) nutzt die Redaktion außerdem die besten Prognosemodelle anderer Wetterdienste weltweit. Dazu gehören die Prognosemodelle des amerikanischen Wetterdienstes (GFS), des kanadischen Wetterdienstes (GEM), des britischen Wet-

In der Redaktion, © Thomas Ranft

terdienstes (UKMO), des japanischen Wetterdienstes (JMA) und des Europäischen Zentrums für Mittelfristige Vorhersage (ECMWF).

Für die kurzfristige Wetterprognose ist ein genauer Überblick über die aktuelle Situation entscheidend. Hier helfen neben den Daten der Wetterstationen auch die hochaufgelösten Satellitenbilder der *Europäischen Organisation für die Nutzung meteorologischer Satelliten* (EUMETSAT) und die Regenradarechos der 17 Radarstandorte des Deutschen Wetterdienstes in Deutschland sowie weiterer Radarstandorte europäischer Wetterdienste im angrenzenden europäischen Ausland.

Darüber hinaus hat die Wetterredaktion Zugriff auf die Klima-Datenbank und das nationale Klimaarchiv des Deutschen Wetterdienstes. Letzteres ist eines der umfangreichsten Klimaarchive Europas. Hier werden alle Daten seit Beginn der Wetteraufzeichnungen im Jahre 1780 festgehalten.

Auf diese Weise lassen sich klimatologische Besonderheiten und Entwicklungen für einzelne Orte und ganze Regionen zeigen (z. B. der vergangene Sommer war zu nass).

Wir können exakte Wetterprognosen für jeden beliebigen Punkt der Erde erstellen. Das ist sowohl bei Unwetterlagen (»In der nächsten Stunde erwarten wir in Hamburg Orkanböen mit einer Geschwindigkeit von bis zu 115 km/h«) relevant, als auch bei besonderen gesellschaftlichen oder sportlichen Großereignissen (z. B. den Olympischen Spielen).

Wie punktgenau solche Prognosen sein können, stellt die Redaktion immer wieder eindrucksvoll unter Beweis. Neben einer genauen Vorhersage bei landesweiten Unwettern (z. B. Orkan Kyrill), konnte sie vor allem bei kleinräumigen, regionalen Wetterereignissen (z. B. Starkregen und daraus resultierende Überflutungen) mit ihren exakten Prognosen überzeugen.

Blick ins virtuelle Studio, © Thomas Ranft

Der Hessische Rundfunk ist sich seiner Rolle und Verantwortung als öffentlich rechtlicher Sender bewusst. Deswegen werden die Zuschauer bei kritischen Wetterlagen umfassend über die aktuelle Lage und die zu erwartenden Wetterereignisse in den einzelnen Landkreisen informiert.

Dabei verlässt sich unsere Wetterredaktion – genau wie der Katastrophenschutz, das Technische Hilfswerk und die Feuerwehr – ganz uneingeschränkt auf die Unwetterwarnungen und das 2003 neu organisierte Unwetterwarnmanagement des Deutschen Wetterdienstes. Das »Wetterwarnmanagement-System« des Deutschen Wetterdienstes gilt allgemein als das beste und modernste in Europa.

Die vom Hessischen Rundfunk verbreiteten Unwetterwarnungen des DWD sind weder ein Marketingmittel, um Werbung für ein privates Unternehmen zu machen (das durch die Nutzung der Warnungen und durch Werbung auf der Warnseite zusätzliche Einnahmen generiert), noch eine Panikmache (durch wahllose Warnungen). Der Hessische Rundfunk warnt durch die Unwetterwarnungen des Deutschen Wetterdienstes schnell, gezielt, umfassend und landkreisgenau, inzwischen sogar ortsgenau, vor Unwettern.

Umfangreiche Zusatzinformationen zu den Unwetterwarnungen des DWD sowie Verhaltensregeln sind über die Internetseite www.tagesschau.de kostenlos zu bekommen. Damit folgt der Hessische Rundfunk dem Wunsch des Ministeriums nach einem »Single-Voice-Prinzip«, d. h. um Unsicherheiten zu vermeiden, verbreitet ausschließlich der Deutsche Wetterdienst Unwetterwarnungen, und sorgt so für eine größtmögliche Sicherheit der Bevölkerung.

Jetzt aber nochmal zur Sendung *alle wetter!* Vielleicht ein paar Eckdaten: Von den Zuschauern wird die Sendung *alle wetter!* neben dem großen positiven Feedback mit einer enormen Zuschauerakzeptanz belohnt.

Arbeitsplatz des Kameraoperators bzw. der Kameraoperatorin, © Thomas Ranft

Abenddämmerung, © Thomas Ranft

Nach dem regionalen Landesmagazin *hessen-schau* hat *alle wetter!* üblicherweise die zweit-besten Einschaltquoten im hr-Fernsehen und ist fast immer im Laufe der Sendung Marktführer in Hessen.

Aufgrund des großen Erfolges produziert die Wetterredaktion bei kritischen Wet-terlagen (z. B. Sturm) für das hr-Fernsehen um 20.15 Uhr ein 15 bis 45 Minuten langes *alle wetter!*-Extra mit aktuellen Bildern vom Tagesgeschehen und Informationen und Geschichten zur aktuellen Wettersituation. Das Zusatzprogramm wird auch von Kol-legen wahrgenommen. 2008 wurde *alle wetter!* auf dem Extremwetterkongress von einer Fachjury zur besten Wettersendung im deutschsprachigen Raum gekürt.

Das ehrt uns natürlich und verrät uns, dass wir nicht so falsch liegen, wenn wir mit viel Spaß an die tägliche Arbeit gehen.

Und wie sieht diese Arbeit aus?

Nun, das *alle wetter!*-Team besteht im engen Kern aus dem Moderator bzw. der Mode-ratorin, dem »CvD«, also dem leitenden Redakteur bzw. der leitenden Redakteu-rin, zwei weiteren Redakteuren, einem Reporter bzw. einer Reporterin und einem Redaktionsassistenten bzw. einer Redakti-onsassistenin.

Darüber hinaus brauchen wir natürlich die wichtige Unterstützung von Meteorologen: Üblicherweise sind zwei gleichzeitig im Dienst. Dazu zwei GrafikerInnen für die Erstellung der Wetter- und Erklärgrafiken, das Kamerateam für den Reporter bzw. die Reporterin, der Cutter bzw. die Cutterin, um den Film zu schneiden, der Tontech-niker bzw. die Tontechnikerin, um den Film zu mischen, und schließlich das gesamte Produktionsteam für die Livesendung: Ka-meraleute, Licht und Ton, Aufnahmeleiter, Kabelhelfer, Regie, Bildmischung, Kamera-kontrolle, MAZ.

15 Jahre lang sendeten wir vom Dach und aus dem Studio im Maintower, einem 200 m hohen Wolkenkratzer mitten in der Frank-

furter Skyline. Seit Ende 2015 senden wir vom Dach des Funkhauses in Frankfurt am Main und aus einem virtuellen Studio, der »Grünen Hölle«. Alles, was grün ist, wird quasi ausgeschnitten, unsichtbar gemacht, und der Computer berechnet die Kameraposition und projiziert die (nicht grünen) Menschen im Studio in den künstlichen Raum.

Aber bis wir überhaupt erst mal im Studio stehen, ist natürlich eine Menge Arbeit zu leisten. Die Reporter beginnen mit dem Dreh meist schon vor 9 Uhr morgens, die Redakteure beginnen am Vormittag, erste Telefonate mit den Moderatoren erfolgen am späten Vormittag, um die Sendungsinhalte abzustimmen. Ab der Mittagszeit ist das Team vollzählig in der Redaktion, dann werden Inhalte diskutiert, es wird recherchiert, Gäste für kommende Sendungen eingeladen, Drehgenehmigungen für die Reporter eingeholt. Welche Themen beschäftigen uns in den nächsten Tagen, wie können wir sie bearbeiten, welche Grafiken brauchen wir und wie könnten sie aussehen? Was macht das weltweite Wetter, müssen wir Bilder von Unwettern zeigen oder schöne Herbststimmung aus dem Odenwald? Es wird um Formulierungen und einzelne Worte gefeilscht, dazu der Online-Auftritt betreut. Für den Moderator bzw. die Moderatorin heißt es irgendwann: ab in die Maske, ab aufs Dach, dann wird gesendet, danach abgeschminkt und kurz vor der Tagesschau um 20 Uhr haben wir dann auch Feierabend. Bis es am nächsten Tag wieder von Neuem losgeht, denn Wetter hört nie auf.

Sonnige Grüße,
Tim Staeger und Thomas Ranft

Fridolin Checkbox

Fridolin

Übrigens, ich heiße Fridolin Frosch und bin das Maskottchen der Sendung. Ich habe einen eigenen Kleiderschrank in der Redaktion und werde immer wettergemäß angezogen.

Manchmal schneidern mir auch Zuschauer neue Hosen, Pullis und Jacken. Ich rede nicht viel, habe aber trotzdem (oder gerade deswegen) viele Fans. Eine hessische Puppenmama baut mich in Handarbeit, deswegen habe ich gar nicht so viele Geschwister wie so manch anderes Stofftier. Im Ticketshop des hr-Funkhauses in Frankfurt kann man mich manchmal käuflich erwerben. Ich liebe Wetter, auch wenn ich manchmal ganz schön wetterfühlig bin. Dann entspanne ich mich am liebsten auf Wolke sieben oder lese ganz gemütlich ein Buch.

Bis demnächst,
Euer Fridolin

Bibliografische Information der Deutschen Nationalbibliothek
Die Deutsche Nationalbibliothek verzeichnet diese Publikation in der Deutschen National-
bibliografie; detaillierte bibliografische Daten sind im Internet über
http://dnb.d-nb.de abrufbar.

© by Waldemar Kramer in der Verlagshaus Römerweg GmbH, Wiesbaden 2017
Covergestaltung: Karina Bertagnolli, Wiesbaden
Layout und Satz: Anja Carrà, Weimar
Lektorat: Anna Schloss, Wiesbaden

© aller Abbildungen im Innenteil, sofern nicht anders angegeben,
beim Hessischen Rundfunk
Coverabbildung: iStock.com
Der Titel wurde in der Gentium Basic gesetzt.
Gesamtherstellung: CPI books GmbH, Leck – Germany

ISBN: 978-3-7374-0476-1

www.verlagshaus-roemerweg.de